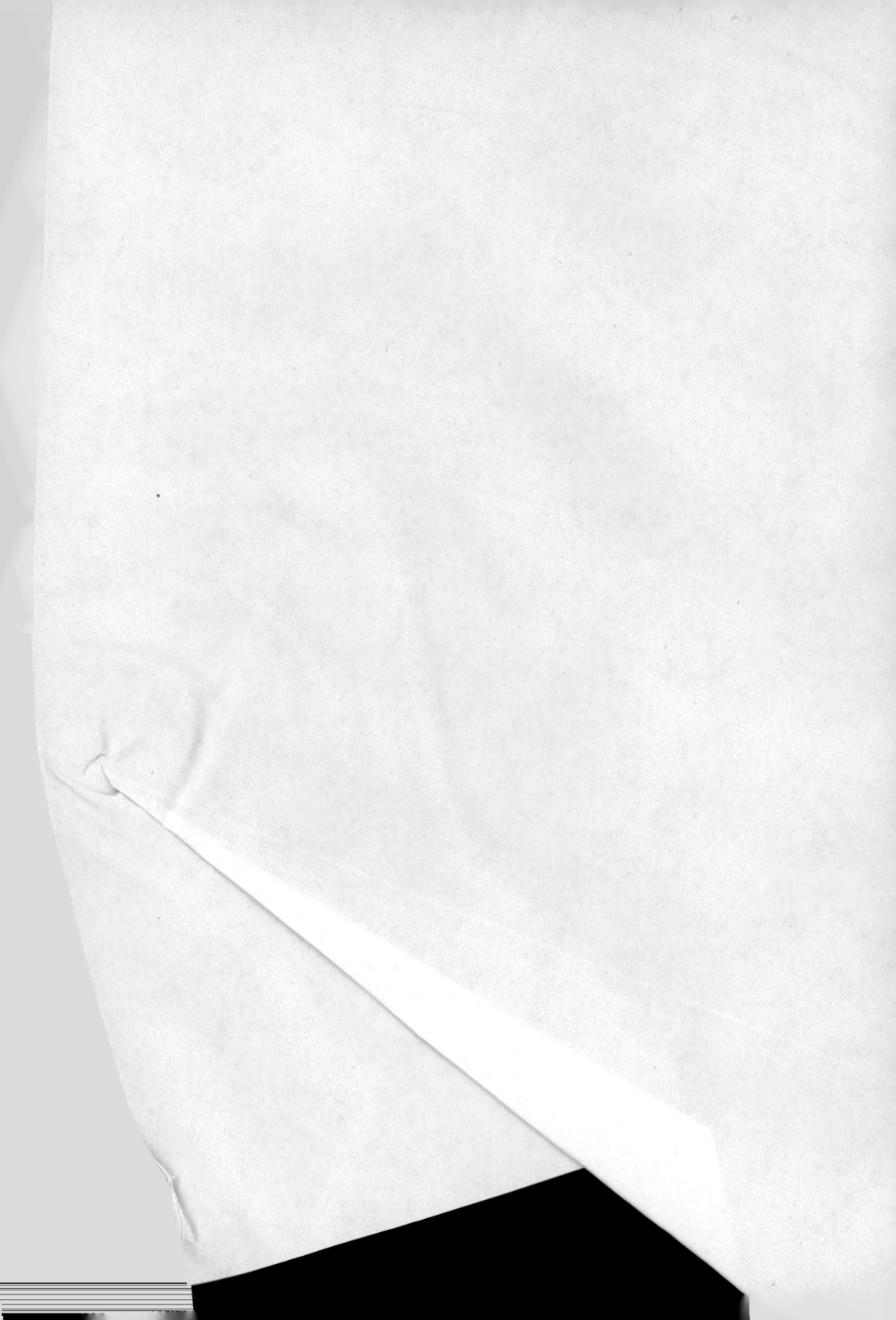

因，出在「距離感BUG」

正確的距離感

不過度在意上下
關係和年齡差異。
以工作上的角色，
明確下達指令。
營造出容易
交談的氣氛。

建立對等的信賴關係

- 避免發生騷擾問題。
- 不會被當成「煩人的大叔」、「囉嗦的大嬸」。
- 漸漸獲得信賴，贏得敬重。
- 有助於彼此共事。

紛的3大主因

安靜離職現象

創業與轉職門檻降低，讓
路上還出現對「大叔文體」
境更加尷尬。

3 缺乏對年輕人的表達方式

日語裡會對長輩使用敬語，同輩間也有平輩語，但卻沒有專為晚輩制定的語言規範。過去大多用命令語氣，如今應以嶄新方式用於當前需求。

跟年輕人溝通不良的原因

過近的距離感

他年紀小我很多，
說什麼都ＯＫ吧！

擔心會被看不起，
表現得較為強勢。

再順便了解一下
對方的私生活。

引發性騷擾、權職騷擾

過遠的距離感

搞不懂年輕人
在想什麼。

小心為上，避免
引來不必要的糾紛。

人家有煩惱，
也不要過問。

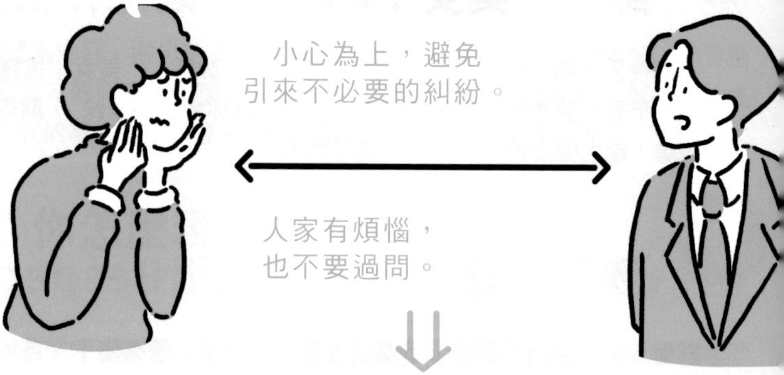

引發孤立排擠、突然辭職

發生騷擾與糾

1 徹底執行公司法規

以往常見的「權職騷擾」「性騷擾」「道德騷擾」，如今已是大忌，更是常識。「我以前也是這樣走過來」的想法不合時宜。時代變了，觀念也必須更新。

2 Z世代特色、

少子化帶來職場變化，加
年輕世代更勇於發聲。網
的各種嘲諷，讓年長者的

職場Z世代使用說明書

48個高情商溝通法　輕鬆避開「老害」誤區

話し方で老害になる人尊敬される人
若者との正しい話し方&距離感
正解・不正解

五百田達成

TATSUNARI IOTA

前言——世代間的「距離感BUG」

你現在在職場上跟年輕同事說話時，會不會覺得「不太自在」？有時是不是還得小心翼翼、謹言慎行？例如身為主管的你要下達工作指令時，腦中可能閃過這些念頭：

「這樣會不會給對方太大壓力？」

「如果講錯話被當成職場霸凌就完了！」

「但如果顧慮太多，對方或許會覺得『工作沒挑戰性』，結果辭職不幹也說不定？」

又或者，當你想跟年輕同事閒聊時，也可能會這麼想：

「感覺講什麼都可能被當成性騷擾，乾脆什麼都不說吧！」

「到底該跟Z世代聊什麼才好呢……」

「他們該不會在背地裡笑我是『老害』吧……」

近年來，日本企業愈來愈嚴格要求大家必須遵從「公司法規」，包含社內規定、企業倫理等，稍有不慎就會被認定為「騷擾」。不少員工和主管為此感到困惑與苦惱，深怕哪句話踩到對方地雷，引發不必要的麻煩。

如果溝通對象是上司或前輩，通常比較容易應對。只要留意態度、保持尊敬，基本上不會有太大問題。尤其當彼此共事一段時間，也會建立起一定程度的信賴關係。

但如果對象是年輕新同事，「風險」似乎直線上升。一個措辭不當，就可

能踩到意想不到的地雷。相信你一定聽過不少因為互動不當，最終被認定為騷擾的例子。

為什麼會變成這樣呢？難道今後我們跟年輕人講話都得戰戰兢兢，隨時擔心惹禍上身嗎？別擔心！沒那麼嚴重。這本書正是為了解決這些煩惱而寫。如果按照書中方法加以實踐，不僅可以減少溝通摩擦，降低騷擾風險，還能與年輕同事建立起良好的合作關係。

抱歉，這麼晚才自我介紹，我是說話專家五百田達成，專長是「溝通心理」。我的工作是為有溝通困擾的人提供實用建議與方法。溝通心理指的是，重視對方的內心感受，並根據情境調整自己的說話方式，讓彼此交流順暢。

謝謝你拿起本書，請多指教！至今，我已出版過多本人際互動相關書籍，包含《最高閒聊法：再尷尬也能聊出花來，一生受用的人際溝通術》（方智）、《男人為何不明察，女人幹麼不明說》（方舟文化）、《鬱鬱寡歡的妻子，無動於衷的丈夫：改變對話方式，讓夫妻關係更融洽》（世茂）等，託大家的福，系列作累計銷量超過一百萬冊。

此外，我也常受邀到企業演講，主題多半圍繞在如何提升組織活力與創新。演講過程中，許多人向我表示：「不知道該怎麼跟年輕同事聊天」、「希望老師分享一些跟Z世代溝通的訣竅」。當我告訴他們書中技巧後，收到許多正向回饋：「用了老師的方法後，現在跟年輕同事相處順多了！」「這些技巧不只適用於職場，連跟孩子互動也很有幫助！」

造成騷擾的原因是「距離感BUG」

資深員工與新進同事、年長者與年輕人間之所以出現騷擾問題，根本原因是「距離感BUG（錯誤）」。

人際互動本來就有適當的距離感，也需要根據距離感調整說話方式。多數年長者在平日與人相處時，往往能依循這些原則，維持良好的人際關係。然而，一旦面對的是年輕人，有時不知如何拿捏距離，不小心講錯話、用錯語氣，這就是所謂的距離感ＢＵＧ。

舉例來說，有些人可能下意識覺得「對方還這麼年輕」，不自覺擺出上對下的態度，忽略對方感受，甚至過度干涉隱私，結果就被指控為職權騷擾或性騷擾。

相反的，也有人因為不懂年輕人的想法，過於小心翼翼，甚至刻意疏遠。但這麼一來，雙方溝通便容易流於表面，無法深入交流，反而更可能引發誤會，結果同樣被視為騷擾。

以上兩種極端的應對方式，顯然都不是理想解法。想與年輕人建立正向的人際關係，要在不冒犯對方、不過度靠近的前提下，找到適當的距離感，選擇恰當的說話方式。如此一來，表達自己意見的同時，也能顧及對方感受。換句話說，只要掌握「正確的距離感」與「正確的溝通方式」，就能逐漸建立起互信關係，營造良好的工作氛圍。

過近的距離感

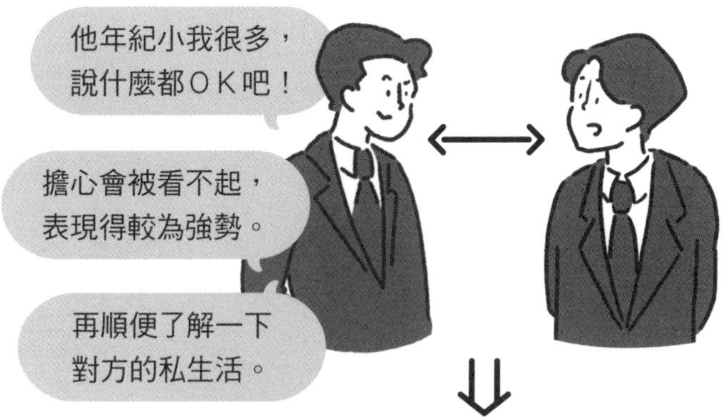
他年紀小我很多，
說什麼都ＯＫ吧！
擔心會被看不起，
表現得較為強勢。
再順便了解一下
對方的私生活。

引發性騷擾、權職騷擾

過遠的距離感

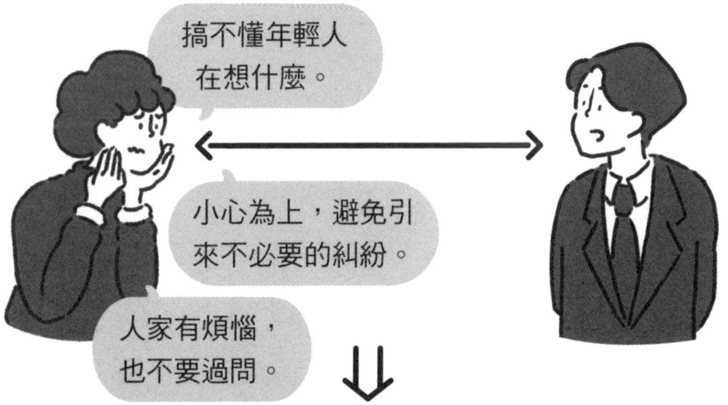
搞不懂年輕人
在想什麼。
小心為上，避免引
來不必要的糾紛。
人家有煩惱，
也不要過問。

引發孤立排擠、突然辭職

「老害」與「隱性老害」僅一線之隔

最近日本興起一句流行語——「老害」。之所以出現這個詞，也是源於距離感BUG。

老害指的是，在職場或組織裡，會對年輕世代頤指氣使、出言不遜，讓年輕人感到困擾的年長者。聽到這個詞，你的腦中或許會浮現一位倚老賣老的長輩，經常碎唸「現在的年輕人沒大沒小、真不像話」，動不動就發牢騷。但事實上，**無關年齡、性別，這世上所有人都可能是「隱性老害」**。

被稱作老害的人，通常有以下幾種心理特徵：

- 緬懷過去，覺得「以前真好」，尤其常提「當年勇」。
- 無法理解晚輩的想法，跟他們總有種話不投機、格格不入的隔閡感。
- 認為「現在的年輕人很好命」。

正確的距離感

不過度在意上下
關係和年齡差異。
以工作上的角色，
明確下達指令。
營造出容易
交談的氣氛。

建立對等的信賴關係

· 避免發生騷擾問題。
· 不會被當成「煩人的大叔」、「囉嗦的大嬸」。
· 漸漸獲得信賴，贏得敬重。
· 有助於彼此共事。

看到這裡，你是否心有戚戚焉？應該很少人敢拍胸脯保證自己完全沒有這些想法吧！老實說，我自己也不例外。

事實上，**每個人心中或多或少都有些「老害思維」**。「隱性老害」平時會把這些想法藏在心裡，沒有表現出來；而一旦無意間說出口，就可能被貼上「老害」標籤。**「隱性老害」與「老害」其實只有一線之隔。**

老害的常有心態是「我吃過的鹽比你吃過的米還多」，所以習慣以「過來人」身分發表高高在上的意見，認為對方應該虛心接受。雖然有些年長者的出發點是好意，但無論如何，年輕人感到不舒服與壓力也是事實。而從這一刻起，問題就開始存在了。

換句話說，老害其實並無絕對的判定標準，取決於雙方關係和互動，有時看似沒問題的言行，在另一種情境卻可能引發他人反感。從這點來看，「老害」與「騷擾」其實有共通之處。

我再總結一下前面的內容：

・跟年輕人相處，首重「距離感」。
・一旦拿捏不當，就會引發摩擦或騷擾。
・正確的距離感，要搭配正確的說話方式。

本書會舉出實例，搭配〇×對比的方式，幫助你掌握與年輕人互動時的正確距離感與溝通方法。只要避開讓年輕人感到不適的地雷，就能帶來以下好處：

・預防騷擾問題發生。
・默默贏得敬重，不被當成老害。
・建立互助合作的信賴關係。

看到這裡，有人可能忍不住想：「所以我要低聲下氣，迎合年輕人嗎？」「討好他們？抱歉，我做不到！」請放心，完全不是這樣！我接下來分享的都是一些簡單的技巧，立刻就能付諸實踐：

- 不吹噓、不說教、不提過去功績。
- 不要強調「你還年輕」，這只會加深代溝。
- 不要自稱「大叔」、「阿姨」。
- 不要喊對方「帥哥」，更別誇人家「好用」。

正確的距離感，建立在正確的說話方式上

我了解很多人不知道如何與年輕人相處，甚至覺得有點「麻煩」。為了避免騷擾風險，盡量不跟年輕同事來往。

但只要掌握本書的溝通技巧，無論遇到什麼對象，不分年齡、性別，都能以適當的距離感與對方相處。換句話說，**書中方法不僅適用於與年輕人溝通，**

也有助於與任何年齡層的人建立良好關係。

我寫這本書的初衷，就是希望幫助大家改善人際互動。若本書內容對你有所幫助，是我莫大的榮幸。

尊敬？老害？

請細數選A的次數有多少

與年輕人的說話方式檢核表

❶ 誇獎晚輩時

A：「〇〇，你工作能力不錯。」

B：「〇〇，跟你一起工作很愉快。」

❷ 有事委託下屬時

A：「接下這個案子，會對你的職涯有幫助。」

B：「這個案子我有點煩惱，需要請你幫忙。」

❸ 看到部下忙不過來

A：「有問題可以找我。」

B：「我們一起〇〇吧！」

❹ 當下屬延遲回報

A：「你怎麼現在才告訴我！」

B：「有什麼是現在能處理的嗎？」

❺ 晚輩找你商量工作煩惱

A：「工作就是這樣啊，我以前也是●●●。」

B：「你想做怎樣的工作？」

❻ 詢問合作窗口

A：「您今年貴庚？」

B：「您在這個部門很久了嗎？」

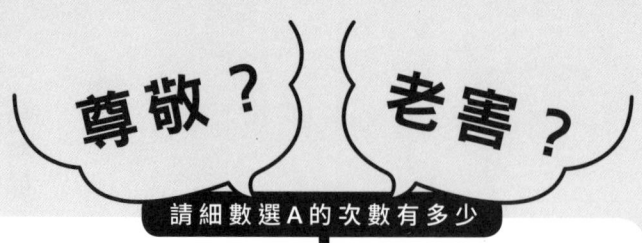

你平時都怎麼說？

7 向人介紹自己看重的晚輩

A：「我很看好他。」

B：「他讓我很Respect。」

8 詢問年輕人現在流行什麼

A：「叔叔／阿姨我實在搞不懂你們年輕人耶！」

B：「它最有趣的地方在哪裡？」

9 對有同樣嗜好的年輕人

A：「●●我很懂，可以跟你分享。」

B：「我們交流一下～」

10 和年輕同事同桌時

A：保持沉默。

B：主動破冰。

11 結帳時，對部下或晚輩說

A：「每個人付多少，你來算一下。」

B：「我來分帳，明細借我看一下。」

12 提到過去功績

A：「那個案子當時是我負責的。」

B：「那個案子都要感謝大家幫忙。」

計分方法

請從右表中選出哪個是你平時的做法，計算選A的數量有多少，然後翻到下一頁看結果。

診斷結果

A有
10～12個
的人

超級老害

你是一位重視紀律與上下關係的上司或前輩，但現在卻被當成「超級老害」。如果實踐本書要訣，便能防範各種問題發生，與部下或後輩建立信賴關係。

A有
6～9個
的人

隱性老害

你認為自己跟部下或後輩相處融洽，但可能在背地裡被叫作「老害」。只要注意幾個小細節，馬上就能洗刷汙名。

A有
2～5個
的人

略受尊敬

部下和後輩認為你「很好溝通」、「容易共事」，你應該默默受到尊敬。進一步實踐本書要訣，加深這份敬重吧！

A有
0～1個
的人

超受尊敬

你是溝通達人，向來都會顧慮對方感受。不限部下或後輩，你的身邊總是聚集許多人，很有聲望，有如「眾望所歸」的存在。

目　次

第1章 基本篇

第2章

工作、職場篇

14 回饋	15 支援與協助	16 回報延遲	17 禮貌	18 開玩笑	19 商量煩惱	20 談話內容	21 疏失
○✕ 找出優點：「這裡很有巧思哦！」 百般挑剔：「你做這什麼東西？」	○✕ 具體提出「我們一起○○」 說一聲「有問題可以找我」	○✕ 冷靜詢問：「有什麼是現在能處理的嗎？」 大為震怒：「怎麼沒人告訴我！」	○✕ 當對方是「客人」，謹守禮儀 當對方是「家人」，講話沒分寸	○✕ 私下個別告戒 在眾人面前調侃	○✕ 用「你想做怎樣的工作」來引導對方 用「工作就是這麼回事」來安撫對方	○✕ 簡潔扼要 又臭又長	○✕ 坦率說句：「抱歉！」 故意裝傻：「是這樣嗎？」
82	86	90	94	98	102	106	110

第3章

閒聊、酒局篇

第 4 章

嗜好、社群媒體篇

結語	**48** 社群網站	**47** 建議	**46** 話題選擇	**45** 與孩童間的話題
	○✕ 好心提供各種意見 不回答別人沒問的事	○✕ 強迫他人接受：「你最好●●●」 提出其他選項：「也有這樣的方法」	○✕ 問對方的感情 聊對方的「本命」	○✕ 當成「年幼孩童」，百般疼愛 看作是「年紀比自己小的成人」，自然閒聊
226	222	218	214	210

第1章

基本篇

01
基本原則①

○ 以對等關係往來

× 很強調上下關係

「你怎麼沒寫會議紀錄？年輕人要自己主動一點！」
「你那什麼態度？虧我好心給你建議……」
「你有在聽嗎？現在的年輕人怎麼都不回話啊？」

有些人會把「因為你是年輕人」、「因為你剛進公司」掛在嘴邊，強調「我是上，你是下」。理由通常是：「當年我還是菜鳥時，前輩就是這麼教我的，我也是出於好意。」但這種想法其實是錯的。

「上」司和「下」屬這些稱謂，聽起來似乎理所當然，但它們只是用來描述工作中的角色，並不代表身分的「上」與「下」。不僅公事以外的場合不該擺出上對下的姿態，包括工作中下達命令或指導下屬時，也要避免流露出「我是前輩，所以高你一等」的態度。**上下關係並非權力至上的關係，只是商務合作中的分工而已。**

在學校、社會這樣的組織裡，確立某些上下關係，確實能讓整體運作更加順暢，因此有了「前輩vs後輩」、「年長vs年輕」的概念。但這些規則僅是為了方便行事，並不意味可以直接套用在個別人際關係中。認為自己享有特權或特別待遇，恐怕只會損害彼此的互動品質。

單純只是「工作上的角色分配」

在職場裡與年輕人交流時，避免過度強調上下關係才是正確做法。例如說話時尊重他人、語氣保持客氣、不要用命令式口吻要求別人做雜事等，都是基本職場禮儀。

「可以幫忙寫一下會議紀錄嗎？」
「我剛剛講得還清楚嗎？」
「聽到的話麻煩回應一下哦！」

所有人際關係的基礎，都建立在說話方式上。想與同事擁有互信關係，正確的溝通方式不可或缺。用居高臨下的態度自然行不通，但過於謙卑、小心翼翼，像在討好對方一樣，也沒必要。其實只要以平常心面對，就能展現成熟的職場態度。

頭銜只是工作中的角色分配，論資排輩則是方便組織運作的規則，千萬別把這些框架帶入人與人的交流中。始終保持對等態度（fair），不帶入上下意識（flat）與奇怪偏見（plain），就是與年輕人正確交流的第一個基本原則。

POINT

以橫向意識交談，而非縱向。

02
基本原則②

○ 跟對方一樣用心

× 要對方不用費心

「點餐或倒酒這種事你就不用費心了，我也覺得很麻煩。」
「什麼前輩後輩的，太拘謹了，我也不喜歡。」
「我們差沒幾歲，就不用跟我講敬語啦。」

有些人認為，主動表示「我們都不用太費心」是一種化解年輕人緊張，也避免雙方尷尬的好方法。畢竟，彼此都放輕鬆不就好了嗎？然而，這種做法其實並不恰當。

不論你怎麼請對方放輕鬆，年輕人多多少少還是會對年長者「費心」。即使你已敞開心房，對方依然會下意識注意自己的言行，避免講出失禮的話。敬語的使用、應對的態度，幾乎是根深柢固的習慣，很難真正做到像對同齡人那樣毫無壓力的交流。

縱使是在比較輕鬆的場合，大家聊開了，彼此距離拉近，年輕人還是得留意外界眼光，避免被誤會「沒大沒小」、「怎麼敢用這種口氣對長輩說話」，這種擔憂無疑會帶來心理壓力。

因此，所謂的「不用費心」其實沒什麼意義。反過來說，若年輕人時時刻刻處於緊張狀態，對彼此的溝通也不利。當然，直接斥責對方「不長眼」、「動作太慢」更不可取，只會讓關係惡化。

宛如「一流服務」的互動

既然年輕人會費心，那麼身為年長者的自己也該付出同等的費心，才是建立良好關係的正確方式。例如從容敏銳地觀察周遭情況，適時營造輕鬆的交流氛圍，幫助對方減輕緊張，才是理想的互動模式。

「你喜歡吃什麼？我來點餐～」

「被你叫○○姐，我有點不好意思。但我會努力的，請多指教！」

「原來我們年紀差不多，一起加油嘍！」

這種對年輕人的「費心」，或許比對主管、前輩的費心難度更高。因為這不是看著教戰守則照做就能輕鬆辦到的，而是一種需要靈機應變、更為全面的費心。

大家是不是覺得，才到第二個基本原則，怎麼難度一下提高這麼多？但請試試看用這種態度與年輕人相處，或許會讓你有意想不到的收穫。

POINT
不是要對方不必費心，而是比對方更用心。

03
基本原則③

○ 自己主動搭話

× 等對方先開口

「年輕人自己相處得很愉快，我就不打擾他們了。」
「我要是主動去跟他們講話，他們應該會覺得很尷尬吧！」
「等對方自己來找我時，我再好好跟他聊好了。」

在電梯裡偶遇年輕同事，或在飯局中與他們同桌時，很多人會選擇保持沉默，靜默不語。

「自己一味主動，好像有點不合時宜？人家可能會覺得不自在，反而氣氛變得很僵。再說，我們之間也沒什麼共通話題。我可不想被當成『很煩的主管』、『很尬的老人』……但如果他們先開口，我一定會好好回應的。」這種想法是不是很熟悉？但其實，這麼想並不正確。

對年輕人來說，這種情況同樣令他們頭疼。他們同樣不知道該如何打破沉默，也苦於沒有共通話題。但面對的是年長者或前輩，不可能完全不理不睬。「如果我突然跟他講話，會不會有點失禮？要是聊不下去怎麼辦？我可不想被當成白目的新人！」年輕人和你一樣感到束手無策。

於是，雙方都在過度「讀空氣」中僵持不下，陷入乾瞪眼的困境。那麼，這種情況究竟該由誰先開口呢？

背負起「被人嫌煩的風險」

身為前輩，主動抛出話題才是正確選擇。

「嗨，你們剛剛在聊什麼？」

「如果不介意的話，我可以跟你們坐同一桌嗎？」

「那部劇你看過嗎？覺得怎樣？」

主動開口是建立關係的第一步。當然，搭話方式不當，可能會讓對方覺得很煩。為了避免這種情況，第二章會提供更具體的建議。但坦白說，就算掌握技巧，也無法完全做到「零風險」。

不過，年輕人也面臨同樣風險。他們開口時，心裡也在擔心「會不會被認為不識趣」、「話題沒接好怎麼辦」。那麼，這個「燙手山芋」該由誰來接呢？答案顯而易見，當然是經驗相對豐富的年長者。

「開口搭話」這件看似麻煩的事，由年長者主動承擔，正是建立良好互動的基本前提。但在現實中，這樣的責任卻經常落在年輕人身上。

下次不妨主動開口，即使話題可能聊得斷斷續續，但這種主動態度，正是與年輕人正確交流的第三個基本原則。

POINT

別再只是乾瞪眼，嘗試主動破冰。

04
基本原則④

○ 以「你」開頭，真心對待眼前每個人

× 「你們年輕人都●●●」，強調年齡差異

「現在的年輕人都不用LINE喔？」
「你們○年級的都不知道這本書喔？」
「妳才二十歲？跟我女兒差不多！」

有些人跟年輕人交談時，常不禁感嘆起彼此的年齡差異，於是不自覺對整個世代的人下定論，說出像是「現在的年輕人都●●●」、「你們這個世代都▲▲▲」、「跟我兒子一樣」的話。無論是基於主觀認知，還是純粹感到驚訝，內心並無惡意，這樣的行為都不妥當。

這種話常帶有先入為主的假設和一概而論的偏見，忽視對方的個人特質，缺乏基本的尊重，是一種很不禮貌的行為。對方心裡可能忍不住吐槽：「又不是每個人都這樣！」「別人怎樣關我什麼事？」導致心生隔閡。

愈是表現出這種反應，愈是強化彼此差異，彷彿刻意拉開距離。但你們是需要一起合作的夥伴，就算真的聊不來，選擇「劃清界線」對任何人都沒有好處。**這種反應其實很像出國旅行時，因文化差異而驚呼：「天啊，這裡的人居然吃蟲子！」**請極力避免用看異類的眼光對待對方。

只要對調立場思考，這種感受其實不難理解：

「你們長輩的世界是這樣喔？」

「喔，我媽也說過同樣的話。」

如果你被這麼一說，心裡肯定不太好受。面對眼前這個沒禮貌的人根本懶得多說，想直接「句點」他吧！

別強調「世代差異」

當發現彼此想法不同，別急著歸因於「世代差異」，事情沒那麼誇張。

「這樣啊，你不用ＬＩＮＥ的話，平常都用什麼呢？」
「這本書很有趣喔，有空可以翻翻看。」
「妳二十歲啊，現在主要負責什麼工作呢？」

我能理解因為世代不同而感到驚訝的心情，也知道有時會不自覺地以偏概全，覺得整個世代都這樣。但這些想法不必說出口，而是保持平常心，讓話題自然延續下去。這不是在刻意迎合他人，而是基本禮貌，也是與年輕世代正確交流的基本原則四。

POINT

無須過度驚訝，讓對話持續下去。

05

基本原則⑤

○ 合則來，不合則去

× 努力表現，讓人信服

「想讓下屬服氣。」
「希望夥伴跟隨我，和我一起打拚。」
「想成為人緣好又可靠的主管。」

這些聽起來理所當然的願望，其實是種誤解。

大多時候，這種想法的背後，**往往帶著「下位者仰慕上位者」的強烈意味，隱含一種被動且不對等的關係，而非平等交流。**

正如基本原則①提到，無論「上司」或「下屬」，都只是組織裡的角色分工而已。但這種根深柢固的上下意識，讓很多人一心想成為「了不起的上司」、「領導年輕人的前輩」，卻沒意識自己因而陷入逞強的困境。

與其期望自己是率領大軍的古代英雄，或商業書裡的魅力型領導者，不如放輕鬆點吧！無須對自己設定過高目標，當然也別用「高人一等」的方式贏得他人認同。

終究是「合不合」的問題，勉強不來

與其追求和每個人都處得來，不如抱持「合得來是一種緣分，合不來就順其自然」的心態。換句話說，拋開上下框架，把對方視為獨立個體來相處，才是正確做法。

「這個人跟我好像挺合得來的，之後找機會多聊聊，跟他變更熟吧！」

「我跟這個人好像不太對盤，保持工作上的合作關係就好。」

「他是個怎樣的人呢？還是多觀察一點再下定論吧。」

歸根究柢，其實是「合不合得來」的問題。而所謂的「合拍」，也需要契機和緣分，無法強求。老實說，想獲得他人認同是不切實際的。

只要保持基本禮貌與尊重，顧及自己感受的同時也真誠對待他人，便能慢慢建立起信賴關係。**這些一點一滴累積起來的信賴，最終形成所謂的「人望」**，而這正是與年輕人正確交流的基本原則五。

POINT

別太逞強，跟合得來的人建立良好關係就好。

第 2 章

工作、職場篇

06
回應

○ 簡潔有力，精神飽滿

✕ 面無表情或擺張臭臉

下屬：「不好意思，可以打擾您一下嗎？」

上司：「什麼事？」

下屬：「呃，沒事……」

當年輕同事鼓起勇氣主動找你，你卻冷冷回他一句「什麼事」，其實是一種錯誤的應對方式。

「主管雖然說『有問題就來問我』，但看他一直很忙，我就不好意思打擾。」

「我之前主動問過一次，但他好像不太高興，我就不敢再開口了。」

「希望前輩能明確告訴我，什麼時間方便提問。」

這些看似微不足道的煩惱，卻真實存在於新人的日常裡。**當身處「上位者」的角色時，往往不自覺忽視這些細節，甚至覺得這些煩惱是庸人自擾。**但別忘了，我們當新人時，其實也曾有過同樣煩惱。

即使你認為自己的應答態度很一般，但如果表情冷淡、語氣生硬，對方還是會感到壓力。隨著年齡增長與職位提升，即使只是靜靜坐著，也可能給人一種難以接近的印象。

「看著電腦螢幕講話」也OK的回應方式

正確的回應方式是稍微帶點笑容，簡短友好地回應。

下屬：「不好意思，可以打擾您一下嗎？」
上司：「是！什麼事？（微微笑）」

當然，有人會覺得這樣太做作或不符合職場氛圍：「工作時我沒辦法一直笑咪咪的。」「對新人這麼熱情，不會太隨便嗎？」「就算我語氣有點冷淡，他們應該不會太在意吧？」但事實上，正因為是工作場合，溝通順暢才有助於業務推進，所以我認為工作中更要面帶微笑。

即使你無法時時保持笑容，也可以透過語氣來表達友善，例如輕快回應：「是！什麼事？」即使眼睛仍盯著電腦或手機，這樣的回應仍會讓對方感受到你的善意，而不是被冷冷拒於門外。

養成自然友好的應對習慣，今後無論面對的是長輩或晚輩，都能以一致的態度相處，心理負擔也會減輕許多。更重要的是，這種互動方式也能讓你在工作上更有活力。

POINT

應答時簡潔有力、充滿朝氣。

07

提醒①

○ 說清楚，講明白

× 拐彎抹角，話中有話

「最近很少看到你主動打招呼，是我想太多嗎？」

「你這陣子很忙嗎？昨天是報公帳的最後一天，我記得上禮拜應該有提醒過你？」

「關於你的穿著……不用我多說吧？」

有些人在指導新人時，會以若無其事的語氣，拐著彎來提醒對方。這樣做的原因，大多是想避免衝突，於是選擇輕描淡寫地帶過，再觀察後續情況。然而，這種做法往往適得其反。

事實上，聽者只會感到：「我好像被罵了，但完全不懂到底哪裡做錯？」換個角度想，假如有人對你拐彎抹角、講了一大堆話，你會有什麼感覺呢？就算只有短短五分鐘，也足以令人抓狂。有些人擔心直接指出問題會刺傷他人，因此特意繞圈子來「開導」，但最終很可能讓對方覺得你個性不太乾脆、做事拖泥帶水。

更糟糕的是，有些人會用**「知道我今天為什麼叫你來嗎？」**來開場，像是打啞謎，這種話還是免了吧！即使只是想開個玩笑，但對下屬或新人來說，這樣的開場只會加深他們的不安。

有些人還習慣說：**「我是不在意啦，不過其他人覺得你●●●。」**這種把責任推給別人的行為更是要不得。身為前輩或主管，請勿推卸責任。

逃避責任不但會穿幫，更會被瞧不起

指點新人時，最重要的是邏輯清晰、表達明確。

「你最近上下班都沒跟大家打招呼。這是基本禮貌，下次記得哦。」

「錯過報公帳的時間，會影響我們整個部門的進度，下次要留意。」

「你的穿著要正式一點，這是公司規定。」

像這樣直白且清楚地表達看法，反而會讓人感受到你的真誠和認真，重視你的提醒。

此外，不建議提醒完後馬上補緩和氣氛的話，比如「沒關係啦，有時候難免會疏忽」。為了避免讓對方誤以為問題不重要，建議等提醒結束、對話告一段落後，再用平和的語氣，展現一起思考解決辦法的態度：「你這樣做是不是有什麼特別原因？」「還有哪裡需要幫忙嗎？」接著觀察後續情況即可。

POINT
直截了當的態度，雙方都能輕鬆。

08

提醒②

✕

開玩笑的口吻說
「以後別這樣啦～」

○

客氣鄭重地要求
「請別這麼做！」

下屬：「那個案子喔？我還沒處理欸哈哈哈，很急嗎？」

上司：「(瞪大眼) 哈哈哈你也真是的，記得做啦！」

下屬：「哈，抱歉抱歉，我馬上弄！」

上司：「(內心翻白眼) 哈，那就趕快處理吧！」

當同事間變熟後，有些新人可能會開始油條起來。儘管你再三叮囑，對方依舊漫不經心的樣子，照自己的步調行事，完全沒把你的話當回事。

這時，個性溫和的主管通常會選擇忍氣吞聲，甚至配合現場氣氛嬉笑應對。一方面是不想把事情鬧大，另一方面也想避免被誤認「愛生氣」、「情緒化」。畢竟對方沒惡意，平時也相處得不錯，何必為了這種事翻臉呢？但這樣的忍耐，實際上是錯誤做法。

工作不是建立在交情上。主管與下屬的關係，是為了推動業務而存在的一種運作系統，不該混入過多的情感。一旦這種系統開始失衡，工作進度就會停滯不前。**在工作上，「交情」與「公事」必須分開處理，唯有劃清公私界線，才能避免同事關係與工作效率一同崩壞。**

客氣而認真地「抱怨」

如果為了顧及現場氣氛，當下不明說也OK。但事後應鄭重提醒，例如寫電子郵件明確提出改善要求，並用敬語表達嚴肅的態度。

「我已多次提醒期限是○○日，請以最急件處理。」

「若你無法立即完成，我會交派給其他人處理。希望你能了解這件事的嚴重性。」

使用敬語的好處，是能在語氣上拉開心理距離，重新設定彼此的界線。

同時，文字表達要簡短有力，傳達出「我鄭重要求你改善」、「我不是在開玩笑」、「若不改善會有●●後果」的立場。

反之，像「我自己也沒講清楚」、「我不是在罵你」這類緩和語句，請先忍住別說。如果要緩和緊張關係，不妨轉移話題，例如「我們來討論另外那個案子」，用指派其他工作的方式，表達自己已經不再計較。

當然，採取這種態度後，雙方關係可能一度降到冰點，無法像過去那樣直來直往。但若對方經過反省仍願意與你好好共事，是最理想的結果。

話說回來，畢竟事態已經到這種地步，採取嚴肅應對也算是「死馬當活馬醫」。但唯有以堅定的態度，才可能將局面扭轉回來。

POINT

出言提醒時簡潔扼要、嚴肅認真。

09
提醒③

○
冷靜詢問
「你想怎麼做？」

×
情緒化質問
「為什麼？」

「為什麼不早點跟我說？」
「怎麼會搞成這樣？」
「又來了？我真想知道原因是什麼。」

面對新人出現失誤，有些人會一時情緒失控，開始拉高音量不斷追問：「到底怎麼回事？」這完全是錯誤的說話方式。而且不分年齡、身分，誰都不該這樣做。尤其長輩或上司若這麼表現，更是大錯特錯。

或許是因為慌亂，才將情緒轉化為尖銳的措辭。但在別人眼裡，你就只是情緒失控罷了。對新人而言，他們只會覺得你「很可怕」。被罵很可怕，被唸很可怕，被交付任務很可怕，甚至連開口拒絕都很可怕。對新人來說，職場上充滿各種讓人壓力大的「可怕瞬間」。

你可能會納悶：「既然覺得害怕，為什麼不直說？」問題在於，平時你是否營造出可以坦率溝通的氛圍呢？

當然，有些壞心眼的人認為「讓新人知怕，他們才會乖乖聽話」，但我相信大多數人並非如此，只是語氣過於強硬，不小心嚇到對方。但僅僅如此，也足以讓新人承受不小的心理壓力。

題外話，有些父母責備孩子時，也會用「為什麼？」來追問原因，這其實也是不對的。無論面對孩子或下屬，**大多情況，你並不是真心想了解原因，只是想讓對方道歉與改進。**我會這麼說是因為，就算對方清楚解釋：「因為我忙著處理其他工作」、「有三個原因，第一個是●●●」，你很可能依然氣不過，完全聽不進去吧！

提問時用「How」，而不是「Why」

幫助新人解決問題、一起思考改善方法是我們的責任。如果當下難以保持冷靜，建議用「How」來提問，而不是「Why」，才是更好的處理方式。

「是不是遇到什麼困難？」
「我們一起想想問題出在哪吧！」
「你接下來打算怎麼處理呢？」

這麼一來，新人對你的恐懼感會大幅降低，也會感受到你尊重他的想法與自主性。

總之，「為什麼」通常帶著責備語氣或負面情緒，請大家牢記在心。

POINT

別逼問對方，而是冷靜詢問。

10

誇獎①

○ 立刻誇一句「不錯哦！」

× 一定補一句「不過……」

「不錯！不過圖表要再修得細緻一點，用色也不夠好，可以再調整。」

「嗯，沒什麼大問題。不過別懈怠哦，不見得每次都能這麼順利。」

當新人完成工作並向你報告成果時，有些人在簡單慰勞幾句後，一定會忍不住補上「叮嚀」。例如：「這次雖然順利，但下次未必」、「這份工作沒有你想的簡單，還是要繼續努力」、「別太得意，小心出問題」等等。這種說法其實不恰當。

聽在對方耳裡，這些叮囑不但無法鼓舞士氣，反而會削弱動力。請試想一下，當你完成一件大事，肯定內心雀躍，情緒高昂。當下開心都來不及了，還會反覆告誡自己「不能大意，繃緊神經」嗎？這樣的人可能少之又少，你應該也不例外吧！

這種時候，語帶「告誡」的誇獎其實很不乾脆，只會顯得多此一舉，甚至適得其反。

請對方說出「過程」

讚美新人時，廢話少說、直接誇獎，才是最正確的做法。

雖然很多人提倡「誇獎過程而非結果」，但其實很不容易。如果平時沒有仔細觀察，很難了解對方在工作中的付出與努力。這種時候，不妨藉由提問來引導對方。

「不錯喔！你覺得這次最大亮點是什麼？」

「真厲害！過程一定很辛苦吧！」

讓對方分享整個過程與背後的努力，不僅能讓他復盤工作細節，還有機會自然轉移到需要改進的部分。

假設對方說：「我在圖表設計上花了很多時間」、「這次其實有點運氣成分在」，你可以順著他的話接下去：「我也這麼覺得，這裡確實很有巧思」、「運氣只是一小部分，但你的努力更值得肯定」，展現真誠的共鳴。

此外，即使你真心誇獎，仍可能因「上位者」身分，讓人感到有些距離。像「很好！」「不錯！」這類簡短的讚美，聽在對方耳裡大概只有「喔，謝謝」的效果。

我建議以對等的方式互動，展現欣喜與雀躍的情緒，讓對方感受到你真心為他們高興。**你的真誠，會激勵他們更努力前進。**

POINT

要誇獎就誇得大方一點，坦率真誠。

11
誇獎②

✕

稱讚對方「帥哥」、「優秀」

○

跟對方說「和你共事很愉快」

「欸帥哥，可以幫個忙嗎？」

「××老弟，你只要稍微Set一下髮型就是帥哥了，真可惜！」

有些人在跟年輕男同事聊天時，喜歡半開玩笑地誇對方的長相，但這種行為其實很不妥當。

如今，「提及性相關話題會構成性騷擾」、「評論外表並不恰當」早已是常識。然而，**當對象是男性時，許多人卻不太在意**，甚至認為「反正對方是男的，所以沒關係」、「女生可以跟男生開玩笑」，**這種隱性偏見彷彿成了理所當然**，但其實非常不妥。

正如職場上不能稱呼女性「小可愛」或「我們家小妹」，稱呼男性為「帥哥」或「我們家小弟」同樣是一種不尊重。特別是當事人會因為自己年紀輕、輩分低，不好意思明說「請不要這樣叫我」，只得默默忍受。更何況，對方明明有名有姓，記不住人家名字，就以這些奇怪稱呼取代，非常失禮。

「和你共事很愉快」是一句萬用語

如果不誇外表，那該誇什麼？怎麼誇才得體呢？

不分年齡或性別，肯定能派上用場的一句話是：「和你共事很愉快。」這句話不僅避免觸及年齡、外貌等敏感議題，也符合溝通禮儀。對方聽到後多半不會深究「為什麼」，簡單又大方（笑）。

這類表達方式屬於「I（我）句法」，即以「我」為主語陳述主觀意見，比如「我是這麼想的」、「我認為這件事應該●●●」，而「和你共事很愉快」正是這種說法。即使你心裡想的是「真是位帥哥」、「長得真可愛」，也請不要表現出來，誠懇說句「和你共事很愉快」就好。除此之外，「跟你很投合」也是句合適的讚美，既得體又不會引起誤會，實用性高。

相較之下，同樣是誇獎工作能力的「你很優秀」就帶點風險了，因為可能隱含上對下的意味，讓對方覺得你居高臨下。與「和你共事很愉快」相比，聽者的感受完全不同。

此外，談論別人時，也千萬別講什麼「那個小弟很好用」之類的話，這種話聽起來就是沒把同事當人看，你很可能被貼上負面標籤，損害自己的形象與人際關係。

POINT

避開所有跟性別、外貌有關的話題。

12

交付工作①

○

用「希望你能幫我」
來請託

×

用「這對你有幫助」
來硬塞

「接下這份工作，對你會有幫助。」
「這會對你的未來職涯大大加分。」
「可能很辛苦，但一定會有收穫。」

你可能會有點意外，用這種說法交付新人工作，其實是錯的。

有人還會強調「以後我會特別照顧你」、「我會跟老闆說一聲」。**但愈是強調「對你有利」，聽起來就愈像是在找藉口，彷彿只想把麻煩事推給人家。**這種表達方式不僅會讓人感到心理壓力，還容易引發誤解，懷疑自己是否被當成「替罪羊」。

有些壞心眼的人確實是想把爛攤子丟給新人，而為了不被當壞人，刻意用拐彎抹角的方式掩飾真實意圖。但不論你把話說得多麼冠冕堂皇，你的真正動機最終會被對方識破。別低估現在人看穿虛偽的敏銳度。總之，過度「好言相勸」，只會讓對方覺得你在推卸責任，失去對你的信任。

提升行情的工作交付方式

需要新人幫忙時，正確做法是直接表明「你要是接下來就幫了我大忙」，把「我」的角色與責任擺進去，展現與對方一同承擔的態度。

「我希望由你來負責這個案子。」
「這個案子我有點傷腦筋，不知道該怎麼處理，你可以幫忙嗎？」

這些也是上一節提到的「I（我）句法」，重點是直接說清楚自己的需求，而不是編一堆似是而非的理由。這樣做，不僅能讓對話更平等，也能減少對方的反感。

再說，身為下屬，本來就該有心理準備要接受你所指派的工作。**比起「這是為你好」這類虛假的親切，坦率說明需求反而更容易讓人接受。**

此外，清楚說明「做什麼」、「什麼時候完成」也很重要。交代得不清不楚，會讓對方不知所措，也可能增加摩擦。

「我希望你在下週二下班前完成資料。如果遇到困難，這週四下午我們開會討論一下。」

這種直接明確的方式，不僅能提高執行效率，還能逐漸提升你在對方心中的信任度與影響力。

POINT

別含糊帶過，表明自己的責任。

13 交付工作②

×

要求對方「做就對了」

○

以「我們」開頭，強調同心協力

「這是工作，你要負責把它做完。」

「明天開會前趕得出來吧？」

「因為老闆也這麼說，你就當作累積經驗，忍耐一下吧！」

和新人溝通時，有些人會直接搬出上下關係，用命令式語氣硬塞工作，一味強調「我也有我的苦衷」、「你做就對了」、「工作就是這樣」。但這種做法是錯的。

對方很容易感受到你仗著職位壓人，把責任推給他。雖然嘴上可能會回你「是」、「好」，但心裡已經產生不滿，也難以積極投入工作。**你或許會覺得「他聽話照做了」，但實際上，你也換來了「專橫霸道」、「只會甩鍋」的負面印象。**簡單用一句「就是這樣」、「這是公司的決定」來敷衍，撇清自己的責任。這種只負責傳達上層命令，其他都不干己事的作風，在公家機關裡已經屢見不鮮，千萬別當這種上位者。

以「We句法」拉近距離

本書已經再三強調，想與年輕同事順利溝通，最重要的是保持對等態度。

「我們一起想辦法把它做完！」

「我們來討論一下，怎樣才能在明天開會前趕上！」

「老闆也有他的堅持，我們來想想怎麼讓他接受。」

「We（我們）句法」能有效營造團隊感，讓對方感覺自己被視為合作夥伴，而非被支配者。具體做法如下：

- 傾聽對方感受，同理對方苦衷。
- 用We代替You，強調團隊合作，讓對方產生參與感。

- 用「Let's」代替「Do」，以邀請語氣代替命令句，營造一體感。
- 創造「共同敵人」，例如「老闆的要求很有挑戰性，我們一起努力試試看」，進而一同奮戰。

關鍵在於放低姿態，**就像跟小孩子講話時會蹲下身子，用平等視線交流**。

如此一來，別人會認為你「擅長傾聽」、「懂得包容」。

雖然以最後結果來看，對方就是按照你的指令完成工作，但整個過程帶來的感受完全不同。讓對方覺得自己是團隊的一分子，而不是單純執行命令的小兵，才是提升合作關係的關鍵。

POINT

不是以上位者下達命令，而是以夥伴一同奮鬥。

14
回饋

○ 找出優點：「這裡很有巧思哦！」

✕ 百般挑剔：「你做這什麼東西？」

下屬：「這是明天的簡報資料，請過目。」

上司：「完全不行啊，第一頁的圖表是怎麼回事？連具體數字都沒有，根本沒說服力。還有這張圖是怎樣？沒有更好的圖了嗎？」

有些人在給新人回饋時，一開口就是負面評價，但卻沒意識到這其實是錯誤做法。

身為主管的你，或許自己也忙得不可開交，所以選擇直說「重點」；又或者你想藉此展現身為前輩的威嚴，嚇嚇對方。就算經過你的「提點」，新人修改後完成一份出色的簡報，但同時你也失去了對方的信任。

有些人以為負面指責、否定意見、辛辣批評，是一種展現聰明才智的方式，但這是天大的誤會。口碑行銷之所以有效，正好說明了讚美與肯定更能讓人產生信任與好感，進而反映到銷售上。

反之，負面指責只會讓人對你避而遠之。**沒有人喜歡與愛挑毛病的人共**

事。不論是情緒化的批評還是「客觀評價」，光靠挑刺並不能解決問題，也不會讓任何人感到幸福。

「正面回饋」是必備能力

給新人建議時，找出對方優點並給予「正面回饋」，才是有效做法。

「謝謝你這麼快就完成了。第一頁的圖表如果放入具體數字會更有說服力。圖片的部分，要不要試試看其他張？」

先用「不錯哦」、「謝謝」這類正向話語開場。即使你心裡可能忍不住想吐槽「這是什麼東西」，也請試著找出其中亮點。這種「找優點的能力」，是主管與前輩應具備的基本素養。接著用清楚直接的方式指出需要改善的地方，而不是拐彎抹角或語焉不詳。

「嗯～是還不錯啦，不過，這個嘛，嗯，有具體數據會更好……」

像這樣支支吾吾、模糊不清的表達，只會讓對方感到困惑，甚至誤以為已經過關、不用修改。

「挑毛病」很簡單，任何人都會；找優點並給予建設性建議，則是需要花心思磨練的能力。作為主管或前輩，這正是你的責任與價值所在。

POINT

找出優點加以誇獎，接著才談改善。

15
支援與協助

○ 具體提出「我們一起○○」

× 說一聲「有問題可以找我」

「有問題再告訴我，隨時都可以討論。」

「有困難的話，可以跟我說一聲。」

看到新人一副忙不過來的樣子，你可能會對他這麼說，但其實並不一定奏效。儘管出於好意，聽在對方耳裡卻未必能產生共鳴。儘管他們嘴上回應「好的，謝謝您」，心裡卻毫無實際感受。

「不知道他是真的願意幫我，還是只是在講場面話……」

「怎麼開口比較好呢？這樣麻煩他會不會不太好？」

請大家回想自己當年還是新人時，是不是也曾在心裡糾結：「我真的可以問嗎？會不會被嫌麻煩？」

特別是當人陷入忙亂時，很難想到可以直接找上司或前輩幫忙，最後獨自扛下問題，陷入孤立無援的狀態。而上司也可能心生不滿：「我都說了有問題可以找我，為什麼還要硬撐？」長此以往，雙方都會感到心累。

行動勝過客套話

如果真心想幫助新人，應該具體表達出自己可以做什麼，才是有效方法。

「看你好像忙不過來，我來做調查分析吧！」

「A公司窗口剛有寄信過來，要不要我幫你回覆？」

當你能在關鍵時刻敏銳察覺對方的困難，並主動伸出援手，就是最理想的支持。即使當下抓不準時機也沒關係，行動本身就會傳遞訊息，讓對方更願意向你求助。

「調查分析已經做完了。你可以幫我○○嗎？感謝啊！」

「太好了！回覆沒關係，我現在需要先完成估價……」

或許一開始對方未必能立即接受你的幫助，但只要你持續主動，雙方的互動便會逐漸改善。察覺成員的難處、主動解決問題，不僅是主管的責任，也會幫助你在團隊中發揮更多價值。

POINT

與其問「有沒有問題」，不如出手相助。

16
回報延遲

○

冷靜詢問：「有什麼是現在能處理的嗎？」

×

大為震怒：「怎麼沒人告訴我！」

「這是什麼？我完全沒聽說！」

「我沒收到這個通知，是哪個案子的事？」

「你怎麼都沒提醒我？」

當新人延誤報告，有些上司的第一反應是怒氣沖沖，急著質問對方。身為主管，確實必須掌握全局，也希望第一時間能收到重要資訊，最好下屬要夠機靈，懂得主動提醒，但這種期待本身是錯的。

幾乎每家公司都有這樣的資深員工：當消息不是經由上層正式發布，而是從新人那裡得知時，有些人會對此不滿，用抱怨語氣指責：「我沒聽說啊！」「怎麼沒人告訴我？」「你為什麼不先告知！」但這種抱怨多半無濟於事，對方也可能「回敬」你幾句：「我之前就跟你說過了！」「你都沒在看信！」雙方各執一詞，最後演變成毫無意義的互相指責。

人難免會有情緒，但不該是透過發泄來表達，而是以尋找解決方案的積極態度來處理。

「沒聽說」，自己也有責任

解決之道是先壓住情緒，冷靜詢問：「現在有什麼是可以馬上處理的嗎？」如果再補充一句：「是我自己沒跟上，抱歉」，不僅展現當責的態度，也能減少對方的緊張感。

話說回來，**身為管理職，不能只是坐在辦公桌前等著資訊自己送上門，更不要抱持「你們應該提醒我」的高姿態。**遇到問題時，與其責怪對方，不如展現積極協助的態度。如此一來，下屬也不會採取防衛姿態，跟你硬碰硬，而是一同冷靜下來，向你陳述事實，共同尋找解決方案。

平時若能透過積極互動建立良好關係，當你要指導或下指令時，對方也會願意配合。別擺出高姿態，試著主動蒐集資訊。即使對方表達得不夠清楚，報告有遺漏，也不要急於責備，而是與他一起梳理與解決問題。長此以往，便能為雙方關係奠定穩固基礎。

POINT

別急著生氣，想辦法趕緊跟進。

17
禮貌

×
當對方是「家人」，講話沒分寸

○
當對方是「客人」，謹守禮儀

「你最近啤酒肚跑出來了，這樣會交不到女朋友哦！」
「你的頭髮有點邋遢，去給設計師弄一下吧？」

有些人會拿新人的外表開玩笑，或談到性相關話題。雖然不會直接問「結婚了嗎？」「有男友嗎？」「有小孩嗎？」這類私事，但前面兩句調侃方式，仍屬於騷擾行為。

有些人認為開點小玩笑沒什麼，畢竟自己習慣直來直去，與部下間的互動也像是家人，調侃都是出於「愛」。這樣的想法似乎無可厚非，但其實是錯誤觀念。

下屬和晚輩並不是家人，而是工作夥伴、商業往來的對象，更進一步說，其實是「外人」。換句話說，對你而言，他們就是客戶，應該保持基本禮貌。

有個故事是這樣的，曾有一位講師在性騷擾防治講座中問大家：「這種（性騷擾的）話，你能對自己的女兒說嗎？」有位聽眾始終無法理解，講師隨即問他：「如果是對客戶的女兒說呢？」聽到這裡，他才猛然意識到自己的錯誤，臉色大變：「那就不行了……」**這反映出長期以來人們對上下關係的誤解——對自己的家人或部下說什麼都可以，唯獨對客戶必須謹慎小心。**

其實，這樣的錯誤距離感正是騷擾行為的根源，導致對下屬態度輕視或過度親近，破壞職場上應有的專業度與和諧。

「是否構成騷擾」的絕對基準

判斷是否構成騷擾的簡單標準是：**「這種話能對客戶說嗎？」**如果不能，那麼對部下也不該說。無論是拿外表開玩笑還是討論性相關話題，都該極力避免。尊重對方的尊嚴，是基本中的基本。

此外，一些人會抱持著「賜給我工作的人是神」的錯誤心態，這種想法也很危險。可能導致他產生錯誤使命感，在處理與發包方的關係時，以為自己必須過於嚴苛，或過度迎合。

將工作上所有人視為對等的商業夥伴，尤其是與內部新人互動時，更要有「對待客戶」般的心態，可說是最實用的解決辦法。

POINT

部下不是手下，而是客戶。

18
開玩笑

○ 私下個別告戒

✕ 在眾人面前調侃

「今天這種日子你還遲到哦？真的很大牌耶哈哈哈，我可不敢！」

「出現了！『大師』對簡報展現過人的堅持哈哈哈。」

「在這種場合吃螺絲？看不出來你是會怯場的人耶！」

有些人對年輕人的失誤或疏漏，會以調侃的方式來化解。例如開玩笑、吐槽、嘲諷等，認為大家笑一笑就能釋放壓力，不會有人介意。但這樣的方式是錯的。

校園霸凌與職場霸凌一直是大問題，**而「調侃」與「霸凌」間，其實只有一線之隔。**你或許是想炒熱氣氛或化解尷尬，但對方的感受無從得知。被調侃的當下，新人很難直說「請別這樣，我很不舒服」、「請給我點空間，我需要整理一下心情」，調侃其實非常不妥。

況且，用這種方式「圓場」的人，真的沒有半點惡意嗎？讓人不禁懷疑他們對新人遲到、簡報進度慢、表現緊張心生不滿，所以刻意在眾人面前責備，好讓大家都知道。看似是圓場，背後其實帶著不悅與指責。這樣的說話方式也會讓新人累積怨恨值。

想擁有好人緣的陷阱

與其當場調侃新人的疏漏或錯誤，不如協助他們改善，而且一定要私下溝通，才是正確做法。

「這次就別放心上了，記得以後不要遲到哦！」

「我知道你很用心，花了比較多的時間，但這樣會影響整體時程。」

「一定很緊張吧！我懂我懂。期待你下次的表現。」

提醒方法可根據對象和關係不同而有所變化，但基本原則是：**好事在眾人**

面前說，壞事則私下個別說。

但遺憾的是，年輕人通常只記得年長者說的那些不好的話，而好話卻不容易留下印象。不論你多麼用心表達自己的善意，仍可能無法在他們心中留下深刻記憶；反倒是一句不太恰當的話，就足以讓他們在心裡留下陰影，甚至覺得你冷漠無情。

如果想贏得好人緣，與其磨練開玩笑的技術，不如學會在必要時說話，保持正直，尊重他人感受，以獲得更多信賴。

POINT

不調侃、不嘲笑、不吐槽。

19

商量煩惱

○

用「你想做怎樣的工作」
來引導對方

×

用「工作就是這麼回事」
來安撫對方

新人：「我們在做的事，有意義嗎？」

前輩：「你也知道，工作就是這樣，這些事都會有的。」

下屬：「我好像不太適合這份工作。」

上司：「怎麼會！你這個年紀的人都會有這種煩惱，正常啦！」

當新人向你傾訴時，很多人可能會用「事情就是這樣」、「這很正常」來安慰對方。或許是因為自己也有過同樣煩惱，或看過太多人經歷類似的事，於是給出「這樣的情況過一陣子就會好了，再忍一下就結束了」、「這種困擾大家都會有，別太在意」之類的回覆，希望年輕人理解社會的現實面。然而，這種做法其實是錯的。

當新人向你傾訴時，他們其實是希望你能理解並接納他們的煩惱，而不是簡單說一句「這是常有的事」，更不希望聽到「忍耐一下」這種建議。

這也是多數人對待他人煩惱時的常有反應。此時的重點是表達同理，說些「真的很辛苦」、「這段期間一定很難熬」的話，比直接提出建議來得更能安慰對方。也可以複誦對方的話，表達你理解他們的感受。不必急著發表自己的觀點，也不用提起自己的經歷，**這時年長者要做的，就是保持耐心。**

最好引導對方找到積極方向

不否定、不下結論、不講大道理，耐心傾聽與表達同理，並不代表忽視問題，而是幫助他們重新找到力量。

前輩：「我也覺得意義很重要。那你覺得怎樣的工作有意義呢？」

新人：「我原本是想到國外，做些幫助當地人脫離貧窮的工作。」

上司：「你什麼時候開始覺得自己不適合這份工作呢？」

下屬：「我從以前就很不擅長處理細節……啊，不過在想企畫的時候，我覺得很開心。」

這樣的對話能讓新人找出方向，重新思考問題的角度，而這正是我們能給的最好建議。

當然，這個過程無法一蹴可幾，需要花時間去聆聽與引導。記得別輕率給出解決方案，引導他們反思才能達到真正的幫助。

POINT

不是三兩下就下結論，而是延展討論，引導答案。

20

談話內容

○ 簡潔扼要

× 又臭又長

「我最後再說一句就好。嗯，首先……大致是這樣。啊，還有我認為……才對。對了，有句話不知道該不該說，就是……啦！到底為什麼會變成這樣呢，是因為……」

「我來做個總結。簡單說就是○○○。以結果來看，我認為是▲▲▲。這事追根究柢其實是■■■。嗯，這麼說來也可能是×××……」

對年輕人說話或做總結時，有些人會把話講得又臭又長，這個也想講，那個也想提。身為年長者，講得太簡短似乎顯得沒面子，必須說些符合身分地位、讓年輕人銘記的話。但這其實是錯誤做法。

說來殘酷，年輕人其實才不會認真聽年長者說話。雖然有些可悲，但卻是事實。

大家不妨回想小學的時候，聽校長在朝會上致辭，是不是覺得很無聊，心想「怎麼可以講那麼久」。現在回過頭來看，校長說的其實都很有道理，但當時完全聽不進去。即使長大後，這種感覺依然沒變。

這麼比喻，應該不難理解年長者說的話聽在年輕人耳裡，只覺得繁瑣冗長，所以長篇大論不一定明智。

比起長度，應以「頻率」決勝負

在年輕人面前說話時，應該盡可能簡短。

「我簡單說兩句：◎◎這點非常棒，辛苦你了。」

「這次關鍵字是●●。有興趣想了解更多的人，待會兒私下找我聊。」

如此一來，對話題不感興趣的人，會因為你簡潔有力的表達而產生好感；而對話題感興趣的人，則會激發他們的好奇心，想了解更多。

如果想讓人留下深刻印象，比起話語的「長度」，更該注重「頻率」。舉例來說，不只大型會議，小型討論也經常參與，並提出建議。與人個別交流時，對電子郵件和LINE的回覆也該果斷迅速。

當然，這樣會花很多時間，也有點麻煩。但正是這種願意花時間的態度，能表達出你對他人的重視。

POINT

發言內容保持簡短，並提高交流頻率。

21
疏失

○ 坦率說句：「抱歉！」

× 故意裝傻：「是這樣嗎？」

新人：「咦？我記得上禮拜有教過你。」

前輩：「有嗎？我都大叔了，很多事情記不住，你就別為難我了。」

下屬：「這裡的顏色和其他不一樣。」

上司：「對吼！不過你自己也講得不清不楚的，哈哈哈。」

當新人指出長輩或主管的錯誤，有些人會選擇裝傻應對。因為失敗很丟臉，尤其是當錯誤暴露在大家面前更丟臉。這時，裝傻可以迴避問題，還能讓自己顯得幽默大方，也能緩和氣氛，簡直一舉數得。但這其實是錯誤做法。

對新人來說，他們處於學習和適應的階段，要指出長輩或主管的錯誤本來就不容易，更需要一定程度的勇氣。若換來的是嬉皮笑臉的回應，會讓他們感覺不被尊重，甚至生氣。事實上，這樣的回應看在他人眼裡，不過是「死不認錯」、「臉皮很厚」罷了。

請試著想像相反的情況：假設你是新人，無論你說什麼，對方第一反應都是裝傻，然後用「好喔～」的語氣，將問題輕輕帶過，糊弄過去。想必你會在心裡大翻白眼，覺得自己枉費唇舌。

成為「可愛大叔／阿姨」的唯一方法

當新人指出錯誤時，別找藉口或裝傻，坦然道歉比什麼都有效。

新人：「咦？我記得上禮拜有教過你。」

前輩：「抱歉，我真的記不住，麻煩再教我一次。」

下屬：「這裡的顏色和其他不一樣。」

上司：「真的！謝謝你發現。」

以坦然承認錯誤並表達感謝的態度來展現風範，才是令人欣賞的「可愛大叔」、「可愛阿姨」。**所謂討人喜歡，並不是開開玩笑或將錯就錯，而是能在錯誤面前低頭，展現大器與謙遜。**

「道歉？這關乎我的尊嚴」、「對方說話態度也不好」，捨棄這樣的自尊，坦然面對錯誤吧！這麼做便能在他人心中留下深刻的好印象。這麼說來，當年長者其實很輕鬆呢（笑）。

POINT

先道歉，切勿裝傻或找藉口。

第 3 章

閒聊、酒局篇

22
聊經驗

×
誇耀自己的功勞：
「是我一手包辦！」

○
拉抬周遭的人：
「多虧有大家幫忙！」

新人：「我對那場活動印象很深刻，當時爆紅。」

前輩：「哦那個啊，那是我經手的，當時真的很辛苦呢。」

下屬：「所以現在業務部的工作模式……」

上司：「沒錯，是我打下基礎的。當時發生了很多事呢。」

談到過去與自己有關的工作時，有些人會過度強調是自己一人的功勞，甚至在新人面前大肆吹噓，但這種做法並不妥當。有時甚至只是稍微參與，就把自己說成是主導者一樣。這種行為類似日文中的**「邀功詐欺」**，意思是把所有好事都歸功於己。

希望自己很厲害、想讓人刮目相看，都是可以理解的。有些人可能忍不住想炫耀過去成就和英勇表現，但在別人眼中，**這樣的人不過是緊抓過去不放的「可憐人」**，只會換來「是是是，你說你的，我隨便聽聽」的敷衍態度。

過度炫耀當然不行，但過於謙虛也不太恰當：「沒有啦，當時我沒幫上任何忙。」「我都只負責打雜啦。」這樣反而讓人不知如何是好，那該怎麼辦呢？

「託大家的福」是一句萬用語

這時，一句「都是託大家的福」，會是比較合適的表達方式。

想像一下頒獎典禮上或MVP選手接受訪問時，他們通常都會說「多虧有團隊的幫助」、「都是託球迷的福」。因為他們很清楚，這麼做不僅提升自己的形象，更能讓周圍的人感受到尊重。

如果想更具體一些，也可以指名特定的人：

「那場活動都是託○○的福！」

「○○真的處理得很好，所以我只負責在一旁看而已，哈哈哈。」

當吹捧對象是他人，而非自己時，通常不會讓人反感，聽的人也容易跟著附和「原來是這樣」，而被稱讚的當事人也不會感到不舒服。既能拉抬他人，又能提升自己形象，可說是好處多多。其他表達還有：「我很幸運能遇到這麼優秀的夥伴！」總之，拉抬程度可視情況調整。

POINT

別人的功勞，才能盡情拿來炫耀。

23
謙虛

○ 受誇獎後出言感謝

× 受誇獎前表現謙虛

「不好意思，我家很小。」

「很多人都覺得我做得不夠好。」

有些人表達謙虛的方式是自我貶低，但其實不太妥當。無論是誰聽到這種話，都不太可能認真回應「你家真的很小」、「確實有人對你不滿」，一定會趕緊補上「才沒有呢」、「大家都說你很可靠」來幫忙圓場。

但若是別人先誇獎你，這些謙遜話語倒是沒什麼問題：

新人：「你家是獨棟耶，超棒的！」

前輩：「我家很小啦。」

下屬：「恭喜您高升！」

上司：「沒有啦，很多人都覺得我做得不夠好。」

這其實是一種社交美學，也屬於社交辭令之一。總之，如果自己先開口謙虛，反而會讓人難以接話。過度謙虛、姿態卑微，會讓年輕人更加小心，記得不要這麼做。

一句「謝謝」，讓彼此都心情愉快

接受誇獎後只要簡單回應「不不不」或「哪裡哪裡」就可以了。過度否定，講一堆謙虛的話，反而繞著同個話題打轉。

話說回來，有時間謙虛，還不如說聲感謝，才是正確做法。

新人：「你家是獨棟耶，超棒的！」

前輩：「謝謝！」

下屬：「恭喜您高升！」

上司：「謝謝，很高興聽到你這麼說。」

簡單一句謝謝，雙方都能感到愉快。

年輕人其實也想主動給長輩面子，說些讚美的話，這也屬於社交辭令的一種，不必太過認真對待。謙虛要有度，別讓話題一直停留在這裡。盡快轉換話題，也是年長者的責任之一。

POINT

別沒完沒了地謙虛，要適時改變話題。

24
酒局

○ 解救為難的同事

✕ 講老哏或冷笑話

「我們公司也來請大谷翔平吧哈哈哈，開玩笑的。」
「喏～找你的零錢，兩百萬！哈哈哈。」

有些人喜歡在年輕人面前講老人笑話或冷笑話，尤其是喝醉酒或心情好時，總是忍不住脫口而出。但這其實不太適當。

隨著年齡增長，成為前輩或擔任管理職，心態會有所不同，言行舉止也不再像年輕時那麼拘謹，偶爾對年輕人說些無聊的玩笑話也很常見。但假設今天角色對調，你作為年輕人，面對長輩時，應該不會輕易說出這種話吧？這麼說來，**「開玩笑」其實算是年長者的一種特權。**

另一方面，畢竟面對的是長輩，年輕人通常無法當作沒聽見，只能勉強苦笑以對，但心裡非常無奈，可能讓雙方關係更加疏遠。之所以對這種互動感到不自在，並不是年輕人小題大做，而是這種情況讓他們很難應對。這樣的關係其實是不公平的，反而加深了年齡差距，讓他們在社交場合中覺得自己處於弱勢，也稱得上是一種騷擾。

或許你會想：「他也可以跟我開玩笑啊」、「大家一起嗨一下嘛」，但從年輕人的立場來看，他們並不這麼認為，反而覺得「很尬」，甚至「很恥」。

我理解你是出於好意，想活絡一下氣氛，但很遺憾，對方未必能感受到你的心意，反而覺得你「很難應付」，甚至就此幫你貼上「老人標籤」。

「老人笑話」為何不妥？

如果有年輕人在場，想緩解緊張氣氛，其實只要放輕鬆，像平時一樣互動就好。無須硬講些老人笑話，或刻意叫大家「別拘束」，只要輕鬆自然地閒聊，適時拋出話題即可。

說實話，**年長者的角色不該是「炒熱氣氛」，而是「維持秩序」。**我們可以做的是，留意哪位同事喝醉後變得「勾勾纏」、哪位成員被糾纏而需要幫忙、哪桌對話氣氛過於火爆等。如果有人行為失控，就及時介入，安撫對方，並主導現場氛圍。

讓每位同事都能輕鬆自在，也有機會展現自己，並確保不讓某些人感到不適或被冷落，促進真正的交流，才是年長者在這種場合該負起的責任。

POINT

年輕人不說的笑話，年長者也別說。

25
遇到不懂的事

○

直接請教：

「那是什麼？」

✕

不懂裝懂：

「哦～那個我知道！」

新人：「○○產業也開始導入區塊鏈技術了。」

前輩：「哦，區塊鏈是吧？嗯、嗯……對了，那件事後來怎樣了？」

聽到不熟悉的新名詞時，有些人會選擇不懂裝懂，試圖掩蓋自己的不了解，但這其實是錯誤做法。

隨著年齡增長，虛榮心和固執程度也會不斷增強，面對不熟悉的領域或概念，很難輕易承認自己不懂。有些人擔心直接承認不懂，會顯得很沒見識，但事實上，**真正有魅力的年長者，不是「見多識廣」的人，而是「身段柔軟、持續學習」的人。**懂得擁抱新知，願意向他人學習，而非僅依賴過往經驗，這樣的態度會讓你更有影響力。

另外，將自己的主觀意見強加在他人身上，和不懂裝懂其實很類似：

「總之，你現在換工作很不聰明。」

「反正那個人滿腦子只想著業績。」
「如果要生小孩，一定要趁年輕。」

隨著經驗累積，價值觀也會變得僵化，開始不容易接受與自己不同的觀點。於是，格局變得愈來愈狹窄，甚至對他人持有偏見。有些人可能認為斬釘截鐵表達自己的觀點是一種果斷、有原則的表現，但這種做法其實只是在證明自己的思維局限。

當無法接受變化、包容其他觀點，就會成為固守舊觀念的「老害」。

光是「願意學習」，就能提升印象

與年輕人交流時，碰到不懂的事，最好方法是直接問：「那是什麼？」一開始的態度至關重要，不懂就別強裝明白，否則只會愈來愈痛苦，坦然放下才

是上策。

坦承自己的不懂，展現主動請教的態度，不但不會讓年輕人傻眼，反而感受到你的坦率與誠意，更樂於與你交流，甚至對你刮目相看。

這種方法不僅可用於知識領域，價值觀也同樣適用。如果你一直無法認同新世代的價值觀，總是固守舊有思維，那麼你很快就會變成「超級老害」。

要改變這種情況，最好做法是心態開放，主動請教，持續學習。讓自己保持與時俱進，避免被市場淘汰，就長遠來看也是明智之舉。

POINT

不懂的事就坦然承認，盡早請教。

26
轉職或人事異動

○

展現支持：
「希望他有好的發展。」

✕

語帶嫉妒：「好處
都被那傢伙拿走了！」

新人：「〇〇〇好像換工作了。」

前輩：「好處都給他拿走了。他去的那家公司現在不知道狀況怎樣。」

下屬：「聽說▲▲▲要調到經營企畫部。」

上司：「他原本就和■■部長關係不錯，一定是靠關係進去的！」

當同事跳槽到更好的公司，或調任至更重要的部門時，往往會成為公司內部的熱門話題。有些人可能心生嫉妒，或語氣挖苦，甚至一口咬定對方是走後門，散布不實謠言。這樣的做法絕對是錯的。

我能理解在公司這樣的組織裡，人事異動是最受關注的話題。如果是熟識同期間開個玩笑，可能無傷大雅；但如有新人在場，年長者的一言一行會直接影響團體氣氛，必須特別謹慎。

當你表現出嫉妒或羨慕的情緒時，會讓年輕同事不安：「這裡是不是很內捲？」「這家公司是不是不太穩定？」即使你只是單純分享內部消息，也可能讓新人覺得「這裡的人很八卦」。希望每位年長者都有「以公司形象發言」的自覺。

一句「祝福」，不易露餡

在新人面前保持冷靜，避免過度評論，才是正確態度。

新人：「○○○好像換工作了。」

前輩：「希望他有更好的發展。」

下屬：「聽說▲▲▲要調到經營企畫部。」

上司：「他好像一直對那個部門很有興趣，真替他開心。」

與人事話題保持距離，不對當事人、新公司或新部門做出評論，僅展現支持的正向態度，會讓你顯得大方得體，且不易流露出內心的不快。

此外，若年輕同事問到「你有打算換工作嗎？」時，千萬別一味抱怨自己年紀大或生活壓力大，像是「我都這把年紀了，換工作也沒用啊，房貸也還沒繳完」。其實，對方拋出異動話題是一個好機會，你可以反問他的職涯規畫，聊聊他的展望，表達關心與支持。

POINT
無謂的話別多說，一句祝福是唯一選擇。

27
談過往①

○

知會年輕人：

「我們先聊一下哦！」

×

自己人聊得很熱絡：

「我們當年啊……」

「我們那時候是超級冰河期耶。」

「對對對，人稱『百年一見的經濟蕭條』！」

「我們年輕的時候都沒有這麼方便的管理系統。」

「對啊，那時輸資料超麻煩的。」

跟年輕人聊天時，年長者有時會感嘆時代變遷，忍不住向與自己同年代的人聊起過往：「當年的時光多麼令人懷念，就連那些痛苦的經歷，現在想起來都成為美好的回憶。」「真是不容易，我們一路走了過來……」這樣互相稱讚、回憶往事，也能維繫彼此情誼，未嘗不是件好事。但若有年輕人在場，這樣的談話就需要慎重。

首先，這類話題對年輕同事來說，基本上是很陌生的。他們不僅對過去情境不感興趣，也很難參與其中。「真的嗎？」或「可以再多說一點嗎？」的反應，已經算是特例。

更重要的是，「懷舊式談話」容易隱含無形的批判，甚至可能演變成指責：「現在的年輕人過得太安逸了！」「對啊，每個人都只想躺平！」相信誰都不喜歡「被教訓」吧。

宣告「要開始談過往了」

與久未見面的同期聊天時，難免感到格外興奮，也想和年輕人分享這份喜悅，我完全理解這樣的心情。過去經歷對年長者來說蘊含著許多情感和回憶，但隨著情緒激動，開始滔滔不絕時，可能讓年輕人感到壓力。

最好做法是，事先讓對方知道接下來會聊些過去的事，簡單一句「我們兩個同期的先聊一下哦」就夠了。此時，他們可以稍微休息、去個廁所，或只是靜靜待著，甚至自己小聊一下也行。這樣的「事前告知」也是在給他們選擇空間，而不是要求他們必須參與其中。

如此一來，年輕人不會覺得自己被排除在外，反而感受到年長者的貼心。尊重彼此的社交邊界，能促進更愉快的交流。

POINT

避免只有圈子裡的人叫好，要這麼做時先知會一聲。

28

談過往②

○ 問對方的現在情況

× 談自己的過往經驗

「這裡我很熟，那棟大樓以前是○○商事入駐，我年輕時每天都去拜訪。」
「我剛進公司的時候什麼都要自己來。」
「●●歌手很紅呢，真懷念！喔，你應該不知道他是誰吧！」

有些人想跟年輕人分享工作經驗、所見所聞、個人價值觀，所以常提到「過去」。這種想法沒有錯，分享自己的人生故事有時能增進彼此理解，但在與年輕人的對話中，這種做法卻容易引發反效果。

有趣的是，大部分的人平時都懂得關心對方，也知道要避免自顧自講個不停。然而，一旦在年輕人面前，很多年長者就「忍不住」開始滔滔不絕，分享過去故事。

很遺憾，年輕人其實很難對你的「往事」產生太大興趣，畢竟雙方經歷差異太大，無法感同身受。這種情況下，他們完全插不上話，處在一種不對等的溝通關係。久而久之，便感到有些不耐煩：「又開始了！他講這些到底跟我有什麼關係？」

你或許會反問：「我看他聽得好像很有興趣的樣子啊！」別忘了，對方的立場是「下」，而你的立場是「上」，你們之間的關係本來就不對等。就算他表現出感興趣的樣子，但並不代表真心投入。所以，與其一味分享過往，不如適時閉嘴，給對方一些空間。

要不要談過往是「決定」的問題

和年輕人聊天時，正確做法是當一個引導對方主動發言的角色。可以問一些開放性問題，讓他們有機會表達，而不是將焦點放在自己的過去經歷。

「這一帶你來過嗎？」

「原來有這種生產力工具，好用嗎？」

「你最近在聽哪些歌？」

也可以進一步問：「●●●是什麼？」「可以再多跟我分享一點嗎？」**引導年輕人成為「教人」的立場**，讓他感受到自己被尊重，覺得和你交談是件有收穫的事。

實際上，**建立互相學習的關係，比單方面教導更有效。**年長者也想將自己的經驗傳授給年輕人，但如果只是單方面教導，可能會讓對方感到負擔。相反的，由年長者自己向年輕人請教，便能創造雙向溝通，讓整個交流過程更平衡。

POINT

與其談自己的過往，不如引導對方多分享。

29
邀請

○ 自己主動籌畫

✕ 被動等待受邀

新人：「我最近嘗試了攀岩，很好玩。」
前輩：「我也想去，下次找我一起吧！」

下屬：「那家燒肉店很好吃。」
上司：「那你怎麼沒找我？哈哈哈！」

當年輕人提到自己感興趣的活動時，有些年長者會半開玩笑地說「怎麼沒揪我」，藉此表達自己也有興趣參與；或隨口說句「我隨時都有空」，暗示自己願意加入對方圈子。但這樣做其實不太合適。

有人認為規畫活動只是「小事」，但真正執行起來並不容易。儘管年長者沒有特別意思，但一句「找我嘛」聽起來就像是「麻煩事交給你，我只負責參加」，強調「我是受邀人，你是邀請人」。

如此一來，年輕人便會產生心理壓力，心想「糟了，不邀他不行」，同時擔心「邀了〇〇哥，也得邀■■姐，還要找一間更好的店」。結果，一場輕鬆的聚會，卻在無形中增添許多不必要的負擔。

「主動規畫」的人，最後都會受邀

所以，和年輕人一起出遊時，年長者應該主動擔起規畫和邀約的角色，才是正確做法。

新人：「我最近嘗試了攀岩，很好玩。」

前輩：「我也想去。下次我來規畫，要不要一起？」

下屬：「那家燒肉店很好吃。」

上司：「你也喜歡燒肉啊！我知道有一間也很好吃，下次一起去吧！」

自己主動規畫，也會促使他們自發幫忙，比如「我也找其他同事一起」、「我也有些口袋名單」。更重要的是，這樣的積極態度會讓你在未來被邀請的機會大增。說來有些可悲，**愈是年長，愈不會受邀，是身為長輩的宿命。**

如果你擔心太過積極會造成對方壓力，不妨放下這種顧慮，因為主動才會讓你在社交場合中更受歡迎。況且，隨著年齡增長，成為活動主導者幾乎是每位年長者的必然角色。與其總是等待別人邀請，不如早點養成積極的心態吧。

POINT

不被動等人邀約，也可以自己主動規畫。

30
評論

正面表述：「我喜歡●●」

負面表述：「○○很爛」

「我覺得銅板美食很難吃。」
「最近的好萊塢電影也太難看了吧？」
「○○○講話很沒內容。」

隨著年齡增長，我們的喜好逐漸變得明確。無論對美食、文化，甚至對人的好惡，都會展現出自己的「品味」。很多過去喜愛的事物，如今可能不再感興趣，甚至不自覺開始批評起來。

人真的很奇妙，**「批評」似乎能帶來一種成長的錯覺，讓我們更加肆無忌憚發表自己的負評。**如果是與同世代好友閒聊，這樣的對話或許還能接受；但如果在年輕人面前這麼說，就不太適合了。

請試著想一下，如果對方正好喜歡你所批評的事物呢？你的評論肯定會讓人家感到不舒服。但礙於身分關係，或為了顧及面子，無法坦率表達自己的意見：「不會啊，我還滿喜歡去平價餐廳的！」「我覺得好萊塢大片還挺好看的！」於是，只能將不滿情緒默默放心裡。長此以往，這種情緒積累會影響雙方的相處品質，讓彼此關係愈來愈疏離。

你或許認為自己只是分享過來人經驗，或單純表達個人喜好，這樣也不行？其實不行。

與其聊「討厭的事」，不如聊「喜歡的事」

當討論個人喜好或對事物的評價時，選擇正面表述是一種禮貌，也是更有效的溝通方式。

「我覺得這間店的蕎麥麵CP值很高。」

「我喜歡看法國片，畫面唯美的日本電影也不錯。」

「■■■講的話很有深度，我很喜歡。」

這樣的表達方式不但簡單，對方也容易回應，比如「我也想吃吃看」、「我也很喜歡」、「下次我也想跟他聊聊」。只要關係還不到可以無所顧忌反駁對方的程度，保持一點「做作」的友好語氣，例如「不錯哦」、「我也喜歡」，會讓對話更和諧。

這種做法也適用於與初次見面的人閒聊，或不確定關係界限時的對話，可說是有益無害。

此外，也要盡量避免使用「比較法」，例如「比起小吃店，我更喜歡高檔餐廳」、「比起好萊塢大片，我更喜歡法國電影」、「比起○○○，■■■講話更有料」，容易讓人感到不舒服或被貶低。

POINT

避免負面批評，也別炫耀自己「有品味」。

31

對方的年齡

○

在意對方年資

×

在意對方年齡

「咦，你年紀比我小嘛。對你用敬語真是虧大了哈哈哈。」

「你今年幾歲？已經二十六了喔？看起來挺穩重的嘛！」

在職場上，面對初次見面的客戶、認識但不太熟的隔壁部門同事，或比自己晚進公司的員工時，有些人會忍不住問「你幾歲」，或拐彎抹角地問「你屬什麼」，這其實不是恰當做法。

在職場上，我們都想盡早搞清楚對方的背景，好讓自己掌握應對進退，增加工作效率。但這樣的心態有時會透露出一種潛在觀念：「年紀比我小的就不用太在意」，也就是仍受制於過時的上下關係。

在現代職場，無論對方是同事還是客戶，都是合作夥伴，單純根據年齡來評價一個人，其實跟用外貌或性別下定論並無太大區別。尤其年齡是種敏感話題，有些人不想被說老，有些人則擔心被認為太年輕，在工作中會吃虧。過度探問年齡，某種程度上是對他人的一種侵犯。事實上，**很多時候，真正對年齡**

敏感的其實是年長者自己。

如果確認對方年紀比自己小，有些人可能會繼續追問更多私人問題，比如「你結婚了嗎？」「你有小孩嗎？」跨越不必要的界線，增加不必要的風險。**如今，工作形式和僱用模式都愈來愈多樣化，界線也變得更加模糊。**年長者需要具備包容心與適應力，而非一味抵觸時代的變化。

問「年資」不會失禮

如果想了解對方的資歷或在工作中的權責，詢問「年資」是一個更恰當的選擇。

「您在這個部門很久了嗎？」

「大概快三年了。」

「您一直在這家公司嗎？」

「我最近才到職。之前是在○○公司。」

詢問年資，比較不像年齡那樣有過度打探隱私的風險。因為始終是在「公司」這個框架下提問，對方也能自然分享自己的經驗與資歷，從而達到了解的目的。

POINT

如果想了解對方經驗或權責，就問「年資」。

32
自己的年齡

○ 不刻意談年齡的話題

× 自嘲是「大叔」、「阿姨」

「我都大叔了，真搞不懂你們年輕人覺得這有什麼好笑的。」
「不用管我這個阿姨了，你們好好玩吧！」
「我最近喝酒隔天都會宿醉，大概是上了年紀了吧。」

有些人會語帶自嘲提到自己的年齡。這麼表達往往是想讓對方知道自己較為年長，不要因此批評或攻擊自己；或試圖拉近距離，讓自己看起來不那麼嚴肅可怕。但這樣的做法其實不正確。

當年長者這麼一說，年輕人其實會覺得有點「麻煩」，因為他們不得不回應「才沒有呢」、「你看起來還很年輕啊」、「真的假的，妳保養得很好耶」來安撫你，讓你覺得自己並不老，反倒讓他們多費心。**無心的自嘲，有時反而讓人感到為難。**

事實上，對年齡敏感多半來自年長者自己，大多數人不會過度在意這些細節。太過強調年齡，不僅容易讓氛圍變得尷尬，也可能讓人心生疑問：「他是不是自我感覺太良好？」「這樣的反應真的很大叔／大嬸啊！」因此，無論出於善意或自嘲，這類話題往往效果不好。

相反的，過度以長輩自居，認為「年輕人應該為我斟酒」、「我坐主位是理所當然」的心態，更要極力避免。

不談「年齡」，照樣能愉快對話

跟年輕人聊天時，盡量避免提及年齡是更好的選擇。你依然可以輕鬆愉快地對話，不必聚焦在自己是「大叔」、「阿姨」、「上了年紀」。

「你們剛才是在開玩笑吧？我還是聽得懂的哈哈哈。」

「我先回去嘍～你們好好玩哦！」

「我最近喝酒隔天都會宿醉，所以不能太盡興，真可惜。」

這樣的表達可以巧妙避開年齡話題，讓對話焦點集中在其他輕鬆有趣的事，比如開玩笑、體恤對方、喝酒等，彼此也能更自在地互動。

在這個世界上，年長者值得尊重，而年輕人也有他們的價值。之所以習慣將年齡當作話題，可能受限於「年紀大小決定上下關係」的老舊價值觀。如今，我們該追求的是對等溝通，而非固守過去觀念。

POINT

記得別自己主動提起年齡話題。

33
真心話與場面話

○ 公事公辦，真心話其次

× 要求對方講出真心話

「你心裡是怎麼想的呢？就直說吧！」

「有什麼想法都跟我說吧，我也會跟你分享我自己的。」

「感覺你對這個案子不太積極，那你真正想做什麼呢？」

有些人會要求對方講出「真心話」，或催促對方儘管開口，畢竟達成共識才能更好合作。但這樣的做法其實不恰當。

站在年輕人的角度，你終究是他的上司或前輩，並非能輕易敞開心扉的對象。更多情況是，講出真心話後，往往會換來「我年輕的時候也是這樣」、「你就是因為這麼想才會●●●」等訓斥。沒有人想被說教，所以大多時候，年輕人會選擇迴避這樣的話題，或想辦法應付過去。

所謂跨越身分地位的信任關係，並非一蹴而就，而是需要時間累積。因此，一味催促對方表達真正想法，無法達到預期效果。

此外，**身為上司，若對下屬過於開誠布公，可能會讓對方產生誤解。**他們可能會把你當成可以完全信賴的「朋友」，但在工作中，你還是需要對他們有所要求，這是無可避免的。如此一來，他們便會感到失望，甚至覺得自己遭到「背叛」：「我一直以為我們感情很好，為什麼你要對我這麼嚴格？」「為什麼你說的和做的不一致？」進而影響工作氣氛與合作關係。

「年輕同事大哭」時的對應方法

對待年輕同事的態度，從一開始就保持公私分明，堅守職業立場，是最正確的做法。

「該做的事做好就行了。」

「站在我的立場，我認為……」

「你或許有其他想法，但這個案子非常重要，請優先處理。」

真心話與場面話要分開，立場也要區分清楚。

當對方突然情緒失控，甚至大哭時，這樣的態度也能起到作用。只要保持「我們是公事關係」的心態，堅守自己的立場，就能避免被對方的情緒左右，陷入感情用事的困境。

無法與工作夥伴共享價值觀，可能讓你感到遺憾，但其實這樣的感受更多來自年長者。**年輕人反而覺得公私分明的關係更加自在**，能輕鬆接受這樣的合作模式。

POINT

不求真心話，而是建立公私分明的關係。

34
話題

○ 聊自己的「小煩惱」

× 問「流行」與「時事」

「你們年輕人都在流行什麼？」
「最近你有關注什麼新聞嗎？」
「你們對公司有什麼不滿嗎？可以儘管說。」

有時為了拉近與年輕同事的距離，很多人會嘗試用「流行的事物」或「關心的時事」來開啟話題，展現自己有興趣了解他們的世界。但這其實不是最佳方法。

像「年輕人」、「世代」這類模糊不清的問題，或「新聞」、「時事」這種不太貼近日常生活的話題，往往會讓彼此互動流於表面，無法拉近心理距離。從年輕人的角度來看，這些問題其實很難回答，恐怕只能尷尬回覆：「呃，這個嘛……」

即使你問的是跟每個人切身相關的職場問題，但彼此距離還是存在，他們很難說出真正想法。

事先準備好「小煩惱」

想和年輕人拉近心理距離時，談談自己的「小煩惱」是更好選擇。

「那個啊，最近我女兒跟我說……」

「可以教我影音串流服務怎麼用嗎？」

「上個月研習時，講者的分享我有點聽不懂。」

事先準備一些小煩惱，選擇適合與年輕人分享的題材，能讓對話變得輕鬆自然。對於這些話題，他們也能輕鬆接話：「我覺得你大可不必太在意」、「你想看什麼內容咧」、「我也聽不太懂耶」。

其實，主動分享煩惱，是年輕人和年長者閒聊時常用的小技巧。這樣的對話方式能讓年輕人適度自我揭露，年長者也可以輕鬆提供建議，形成一種彼此都自在的交流氛圍。但如果是年長者單方面向年輕人提出建議，往往會變成長篇大論，對年輕人來說就像進入「地獄模式」。所以角色互換，會讓對話更有默契，氣氛更加和諧。

POINT

藉由商量「小煩惱」，縮短與對方的距離。

35
介紹

○

「他讓我很Respect」

✕

「我很看好他」

「這小子是我很照顧的晚輩，請多指教。」

「我很看重我們家○○老弟！」

「■■很有潛力吧！我早就看好他了。」

當介紹自己特別照顧的新人時，有些人會強調自己多麼提拔對方。無論是想誇耀一手栽培自家新人、強調自己與工作能力強的晚輩有好關係，抑或是單純炫耀自己的眼光，都是錯誤做法。

說真的，聽到這樣的稱讚，大部分年輕人的心情都會很複雜。他們可能覺得自己被當作「附屬品」，心裡感到不舒服。這種明顯帶有上對下的語氣，也會讓人覺得處於被支配的位置。此外，這種行為其實容易引來周圍人的眼紅，結果造成不必要的困擾。

懂得觀察氣氛的人會避免做出這種行為。**公然偏袒某位同事，尤其是在不合適的場合，會破壞組織平衡與秩序。**因此，應該避免在他人面前過度強調自己對某人「特別照顧」。

「我很佩服他」是一句方便好用的話

話雖如此，我們每個人都有自己的好惡，有的人合得來，有些人不對盤，這種情況所在多有，有時也會想表達這樣的情感。

這時，若想強調對某人的欣賞，要避免使用過於高高在上的語氣。與其誇耀自己的提拔，更該以對等視線，甚至「仰望視線」來表達自己的欣賞，才是正確做法。

「他跟任何人都很聊得來，這點讓我很Respect！」

「○○總是幫我很多忙。」

「我常聽到■■的好評。」

這樣的表達不僅顯示出你對對方的尊重，也不會讓旁人覺得你在偏袒誰，而被提到的當事人也會覺得舒服。

稍微留意措辭，避免用過於親暱或帶有「特別照顧」意味的話語。簡單的介紹方式，就能創造健康正向的工作氛圍。

POINT

「我很看好他」令人不舒服，「我很佩服他」聽起來就很舒服。

36
結帳

✕
交給對方結帳：
「麻煩你了」

○
主動結帳：
「明細借我看一下」

「這是部長的一萬日圓，剩下的你處理一下。」
「你去結帳，再跟我們說一個人要出多少。」
「你先付一下，之後再細算。」

當大家一起用完餐要買單時，有些人會理所當然把結帳這件事丟給年輕同事處理。一方面是自己喝多了，懶得動腦；另一方面覺得不過是結帳而已，這種小事交給年輕人就好。結果就這樣輕鬆甩手：「好了，再喝一杯吧！」但這其實是錯的。

點餐時要夠機伶、不時留意大家的酒杯、看準時機敬酒、適度炒熱氣氛……酒局中的麻煩事不勝枚舉，其中最令人頭疼的就數結帳。從店員那裡拿到明細後，根據職務、年資、年齡來決定每個人支付的金額；接著向喝醉的人收錢與找零，處理「我沒錢」、「明天再付」等情況；最後湊齊金額，交給店員……光是想像這一連串步驟就覺得頭大。不能因為對方比較資淺，就把麻煩事丟給人家處理。

「結帳文化」暗藏的問題

麻煩事由年長者來處理是基本原則，尤其結帳這件事更應該積極承擔，才是正確做法。

看似微不足道的結帳，背後往往涉及權力地位不對等的關係。例如：「○○○要付四千日圓，但這樣■■■就付太多了！」「不，他們兩個是同期進公司的，金額應該一樣才對！」「▲▲進公司第幾年了？」看似簡單的計算，實際上需要精準掌握分寸，甚至可說是一門絕技。這種情況下，年長者就率先站出來負責吧！

「明細給我。」

「我來算一下怎麼分帳。」

「我先代墊吧！」

誰付款、誰代墊、誰收錢，結帳方式因公司或部門文化有所不同，可能有些差異，但由年長者主動處理，無疑是最妥當的選擇。

值得一提的是，由職位最高的人全額買單雖然看似大方，但往往隱含負面影響，容易演變成「因為今天是我請客，所以你們都得聽我的」的老大心態。不過至少這麼一來，新人就不必承擔結帳這件麻煩事，勉強算是唯一優點吧。

POINT

結帳這種麻煩事，要由年長者處理。

第 4 章

嗜好、
社群媒體篇

37
回應

○ 和顏悅色

× 一臉嚴肅

「了解，繼續進行！」

「這裡我不清楚。」

「很好！」

跟年輕人講話時，有些人的態度會顯得「冷冷的」。但所謂的「冷」，不過是比較淡定、不帶情緒而已。

說來奇怪，面對長輩時，有些人會特別展現認真積極的一面；可一旦對象換成年輕人，就覺得有問有答、簡單回應便足夠。然而，這樣的態度其實並不恰當。

年輕人常因為與年長者的地位差距而感到壓力。他們眼中的年長者，是權高位重、下達指令的人，一旦事情處理得不夠好，可能馬上遭到責備。**尤其是平時缺乏互動的情況下，這種「壓迫感」往往會被無限放大。**因此，即使年長者只是正常回應或說話，也容易被誤解為「愛理不理」、「冷漠高傲」。

而這樣的情況，其實可以透過微調態度來改善。

比平時更笑臉應對的理由

展現比平時更積極正向的情緒，用開朗和善的態度和年輕人互動，是避免誤解的關鍵。

「OK，謝謝你。後續再麻煩你了！」
「這裡我也不清楚，要不要問問看〇〇？」
「哦哦～真是太好了！」

話多比沉默好，別吝嗇說些「謝謝」或「麻煩你了」的客氣話，這都是溝通中很自然的部分。這些看似細微的變化，其實有助於化解緊張感，讓對方不再覺得你「很可怕」。

說到底，**良好的溝通關鍵在於「平衡」**，既要表現得自然親切，也要讓對方感到被尊重。只要稍微花點心思，彼此合作會更順暢，進而提升團隊凝聚力。

POINT

以正向情緒和積極態度來應對。

38
炫耀①

○ 改聊別的話題

× 不服輸，與人較勁

下屬：「我前陣子多益終於考到八百分了！」

上司：「哦？那我也來考考看。」

新人：「我因為自己常下廚，開了間烹飪教室，最近報名額滿耶。」

前輩：「是喔？那我也來找個興趣創業看看。」

當年輕人分享好消息時，有些人會下意識用「那我也●●●」來回應。或許是覺得對方的口吻像在炫耀，聽了有點不甘心；又或是習慣把話題焦點轉到自己身上。總之，這都是錯誤做法。

其實無關年齡，很多人都會犯這種錯誤。首先，刻意忽略對方的分享，將話題焦點轉移到自己身上並不明智，這正是所謂的**「話題小偷」**。對方明明想分享自己的故事，結果卻突然被你奪走話語權。

再者，「我也●●●」這樣的回應就像在暗示對方「你也沒什麼了不起的，我也能輕鬆做到」，對他人的成果不以為然。

更重要的是，如果這樣的行為讓你被評為「不成熟」，應該不是你想要的結果吧！

在「不同領域」較勁

最好的處理方式當然是直接誇對方「太棒了」、「真厲害」。不過，難免會有不想這麼說的時候。遇到這種情況，改為在不同領域較勁，會是較為適當的做法。

下屬：「我前陣子多益終於考到八百分了！」

上司：「很厲害耶！那我也可以炫耀一下嗎？最近我高爾夫球打進一百桿內了！」

新人：「我因為自己常下廚，開了間烹飪教室，最近報名額滿耶。」
前輩：「太棒了！其實我也有件開心的事，我家的狗生小寶寶了！」

先誇讚，再知會，選擇不同領域的話題，分享自己的好事，讓對話成為互相分享的過程，既能表達祝賀，又能避免較勁。

不受上下關係束縛的平等交流是理想，但也請各位小心，別將這種平等對話變成互較高低。

POINT
保持心胸開放，無須與人較勁。

39

炫耀②

×

高高在上：

「什麼都可以問我」

○

互相勉勵：

「我們一起加油吧」

「我跟●●●交情很好，你只要跟我說一聲，我馬上能幫你轉達。」

「我家孩子今年考上▲▲市第一高中，最近剛入學。你小孩如果遇到考試的問題，我可以給你意見。」

「烏俄戰爭是吧，我早就知道會這樣了。」

有些人在年輕人面前會忍不住自我炫耀，或擺出很罩的樣子，說些「什麼都可以問我」的話。然而，這樣的做法其實並不妥。

很多人可能並非刻意為之，或純粹出於好意，但身處「上位」的人一旦顯露出上對下的態度，容易讓人感到不舒服。即使年輕人心裡並不認同，多半也不敢表達，只能硬著頭皮附和「真厲害」。久而久之，這樣的互動會造成隔閡，甚至讓你淪為被嫉妒或批評的對象：「他超愛顯擺，但根本沒實力」、「這人很麻煩，跟他相處壓力很大」。

要避免這種情況，最好方法是少炫耀、不擺架子。正如那句俗語：「飽穗的稻仔，頭犁犁。」**真正成熟的人懂得謙遜、不露鋒芒**，以令人舒服的態度和所有人相處。

「彼此」、「一起」是方便好用的話

與其炫耀成就，不如坦承一路上的辛苦，展現真誠態度，更能打動人心。

「我也很不會講些好聽話，這點我還在學。」

「孩子雖然考上好學校，但這段過程全家都累壞了。在育兒上，我們一起加油吧！」

「我對烏俄戰爭的細節其實不太了解，有簡單易懂的書可以推薦給我嗎？」

這種表達方式能讓對方感受到你與他們站在同一陣線。當對方發現你也有自己的難題與掙扎時，便會產生親近感，覺得「原來我們的煩惱差不多」、「你也很辛苦」。

當然，無須凡事都強調自己的弱點，更不要故意假裝卑微或可憐兮兮。**過度表現只會適得其反，讓人覺得虛偽。**重點是，以「同志」的心態互動，坦承自己也在面對類似挑戰，這樣就足以拉近距離。

簡單一句「我們一起努力吧」、「生活真的不容易」，就能傳遞出真誠與尊重。一些看似平凡的話語，往往更有力量。

POINT

不擺架子，展現「彼此互相」的感覺。

40
挑選店家

○ 帶對方去「自己喜歡的店」

× 帶對方去「很難訂位的店」

「這家店一向很難訂位，今天很特別吧！」

「這家店一天只限三組客人，我是上次來的時候就先預約了。」

「這家店在Tabelog（編按：日本餐廳評價網站）上評價很不錯，有三．八分。我打去預約時剛好撥通，很幸運吧！」

帶年輕人去熱門餐廳時，有些人會忍不住提到「這家店很難訂位」，藉此凸顯店家的高人氣與自己用心安排的能力。然而，這樣的做法其實不恰當。

過度強調這些細節，容易讓人感到壓迫，彷彿在強迫推銷，或給人一種自我炫耀，不斷替自己貼金的印象。雖然大部分人會表面附和，說出「真的嗎」、「你好厲害」、「我真榮幸」這類話，但並不代表他們真心佩服你，反而可能暗自覺得你過於膚淺，執著於「難訂位」、「高評分」，卻忽略了更重要的核心價值。

這種「認真美食家」的分享方式，在與同樣熱愛美食的朋友討論時或許很適合，但當你的同伴對這類話題興致不高時，建議多些觀察與體貼，避免讓對方因為你的過度強調而感到不自在。

如何自然而然受人敬重？

對年輕人而言，真正值得分享的不是餐廳的評分或訂位的難度，而是你對這家店的感受與喜好，這才是更能引起共鳴的方式。

「這家店雖然看起來不太起眼，但我超愛他們的滷味，風味很獨特。」

「我上次來的時候發現他們的前菜超驚艷，你們可以試試看。」

「這家店的裝潢很有巧思，所以我特地來嚐嚐他們的料理。如果跟期待有落差，大家多包涵哦！」

你所展現的態度是：「我不知道其他人怎麼想，但這間店對我來說就是很特別。」評分只是冷冰冰的數字，而你所傳遞的是有溫度的「人格魅力」與「獨特觀點」。如果這家店實際讓人驚艷，或事後才發現這裡其實很熱門，反而會讓人對你另眼相看，覺得你「果然有眼光」，同時欣賞你的落落大方、不刻意炫耀。

若你擔心「萬一不如預期，豈不是很丟臉」，那麼事先做好功課是必要的。花時間打電話訂位當然很重要，但沒必要刻意提起。**不強調自己背後的努力，是一種低調美學。**

POINT

強調多難訂位，實在有點俗氣。

41
在店裡的舉止

○ 說句「下次會再來」

× 劈頭就說「老樣子」

「老闆，老樣子來一份。」

「我上次吃的隱藏菜單，今天還有嗎？」

「咦？桌椅擺放位置變了是吧！」

帶年輕人去自己經常光顧的熟識店家時，有些人一進門就脫口而出「老樣子」或「上次那個有嗎」。在這種場合放鬆享受熟悉氛圍，也讓年輕人品嚐美食，同時展現自己的品味和人脈，似乎是身為東道主的自然表現。但這種做法可能適得其反。

首先，和上一節提到的「很難訂位」一樣，若處理不好，這種「熟客態度」反而會讓人覺得你在刻意炫耀，顯得你不太高明。此外，過度營造「這裡就是我地盤」的自在感，可能會讓同行的年輕人感到自己只是局外人，難以放輕鬆，對美食也提不起興趣。

更重要的是，若你用不禮貌的語氣催促店員「醬油怎麼沒了」、「三杯生啤怎麼還沒來」，容易讓人心裡直犯嘀咕：「哇，這個人平時那麼溫柔得體，原來私下是這樣啊……」結果對你的印象大打折扣。

我知道你完全沒這意思，但別人仍可能因此誤解，這就是年長者的宿命。帶年輕人去熟店時，請放下熟客的「特權」，展現謙虛有禮的一面。如果你真的想放鬆，何不改天再去，享受那份自在？

如何「強調自己是常客」才不惹人厭？

如果你還是想在年輕人面前表現自己與店家的熟識或親近感，不妨在結完帳準備離去時這麼說，才是聰明做法：

「老闆，感謝今天的招待，下禮拜再麻煩您哦！」

「今天這道菜真不錯，我下回會再點！」

「新裝潢很有氣氛呢，我還會再來。」

用餐時保持「普通客人」的態度，臨走前不經意流露你對店家的熟悉感，既不唐突也不突兀，反而多了幾分得體的從容。

部下或後輩可能會在心裡驚呼：「原來他是常客啊！」「感覺很罩耶！」「難不成是VVIP？」店家也能客套回應：「感謝○○先生常來光顧！」

或許有人覺得，帶年輕同事吃個飯而已，怎麼還要這麼講究？但多花一點心思，既能展現東道主的用心，也能讓人感受到你的周到。若有時間，也可以提前和店家溝通，做好更周全的準備（笑）。

POINT

比起提到「隱藏菜單」，說句「我會再來」更聰明。

42

確認行程

○ 說一句「我很期待那天」

× 要求對方「提醒我一聲」

新人：「昨天你沒來，是有事情在忙嗎？」

前輩：「蛤！是昨天喔？你怎麼沒提醒我？」

下屬：「這次我們小組有一場聚會，您方便出席嗎？」

上司：「我先看一下我的行程，時間快到了再提醒我一聲。」

受邀出遊或參加聚會時，有些人會要求對方主動提醒、提前告知細節、配合自己時間等，既然對方是主揪人，就該全權負責。這種心態不僅出現在年長者身上，**很多受邀者都會不自覺抱著「接受服務」的想法。**這種被動又愛理不理的態度，其實很不妥。

對於邀約的新人來說，心裡難免會覺得「你在跩什麼」、「我又多一件事要忙了」。隨著次數多了，不滿情緒慢慢累積，今後若有什麼活動，想必不會再邀請你。

順利「受邀」的祕訣

受年輕人邀請參加活動時，若想了解更多細節，與其被動等待提醒，自己主動詢問才是正確做法。

「烤肉聚會是下禮拜對吧？我很期待哦。」
「當天我一定會到，再麻煩你了。」

這種積極表達意願的態度，既能讓主辦人清楚掌握出席狀況，也能讓雙方溝通順暢，可說是一舉兩得。活動結束後，別忘了向對方說聲「謝謝」、「辛苦了」、「今天玩得很開心」、「期待下次再聚」等簡單溫暖的話。

其實這就像聯誼或約會。和喜歡的對象約會，與參加年輕人主辦的聚會，在「約好一起見面」這件事上，並沒有太大不同。

「我是前輩，我比你們資深，所以只要等人提醒我就好」絕對是錯誤想法。參加活動這種事，本來就是一種共同規畫，凡是活動成員都該主動幫忙，讓整個計畫順利進行。

抱持這種正向心態，後續一定會有第二次、第三次的受邀機會，成為大家心中的人氣王。

POINT

不是當個受邀的「客人」，而是一起促成成功。

43

回覆邀約

下屬：「下個月週五，我們有一場久違的聚會。您時間方便嗎？」

上司：「目前應該有空。」

新人：「下次聚會辦在禮拜日。」

前輩：「幾點開始？有誰會來？」

近來，回覆邀約時不明確表態「我會去」或「我不會去」，而是用「我應該有空」、「我可能沒空」的方式回答的人，似乎愈來愈多。但這種模稜兩可的回答只會讓邀約者困惑。

雖然大家都明白「有空」通常等於「我會去」，而「沒空」等於「我不會去」，**但「目前應該有空」、「如果那天沒事，我會去」背後所隱含的意思，其實是「如果有更重要的行程，我會以它為優先」**。尤其當年長者用這種說法，往往給人「很大牌」的印象，也是對邀約者不友善的行為。

「立刻」回答「我想去」的原因

如果你很想參加，但行程還不確定，那該怎麼回應比較好呢？此時，可以積極表達參與意願，同時爭取確認時間。

下屬：「下個月週五，我們有一場久違的聚會。您時間方便嗎？」
上司：「謝謝邀請！我很想去。但是我目前行程還不太確定，我稍後跟你確認好嗎？」

新人：「下次聚會辦在禮拜日。」
前輩：「我想去。我先調整一下行程，晚點回覆你好嗎？」

與其得到立即的承諾，主辦人更想知道的是你的真實意願。若「立刻」得到積極回覆，對方自然會感受到你的誠意，也會願意為你調整計畫，配合你的時間。所以，若有參與意願，第一時間表達「我想去」才是正確做法。

相反的，遲遲不給明確回應，會讓對方感到為難，甚至覺得被冷淡對待。

至於想婉拒邀約時，說一句「那天我已經和人有約了，沒辦法參加」，直接用「有其他安排」的理由拒絕即可。若你希望保持友好關係，可以補充一句「真可惜，希望下次能參加」，讓對方感受到你的重視。

此外，「我能去」或「我不能去」的回應雖然清楚明確，但少了點人情味，建議加入一些情感表達，例如「我很期待這次聚會」、「好可惜，這次沒辦法參加，希望下次還有機會」，也是一種人際互動的潤滑劑。

POINT

回覆邀約時，先積極表達意願。

44
婉拒

〇

「我真的沒辦法」

✕

「別人比較適任」

下屬：「部長，我們想請您在聚會結束時簡單致個辭。」
上司：「呃，我覺得○○○比較適合。」

新人：「當天可以請你當主持人嗎？」
前輩：「我不適合這種角色啦！」

活動主辦人有時會希望年長者以重要人物的身分致辭，或在活動結束時說幾句話。有些人確實不擅長這種事，但礙於面子，只好找些有的沒的的理由推託。相反的，也有人主動攬下這個任務，表現得太過積極，也不太高明。又或者，你希望對方主動拜託自己，所以正傷腦筋該怎麼暗示對方。總之，這樣不行，那樣也不行，究竟該怎麼辦才好呢？

身為年長者的責任之一是，在需要展現威嚴的場合，適時展現應有的氣度。在這種場合，年長者該扮演「核心人物」的角色，表現氣場，引領局面。

當主持人說出「請○○部長致辭」、「接下來由■■先生為我們講講話」時，場面會更加熱絡。無論是「簡報最後請業務總監總結」或「向社長報告時希望部長幫忙說幾句」，都是同樣道理。

如果讓年輕人來致辭或當壓軸，可能會讓場面顯得不夠鄭重，因此才請年長者擔任這個重要角色，某種程度上也是展現長輩的價值。

但如果此時表現得扭扭捏捏、百般推託（其實心裡很想），或用拐彎抹角的方式說「真為難我」，讓對方乾著急，可說是一種「職務怠惰」。至於半開玩笑地說「我覺得○○更適合吧」、「這有必要嗎」，只會徒增主辦者的壓力和新人的工作量。

盡可能避免「職務怠惰」

年長者講話本身就帶有「分量」，可能會造成一定的壓力，成為負面力

量；但若善加運用，這份威嚴也能轉化為積極的影響力。希望大家好好把握，當成是練習的機會。

所以，最好做法是坦然接受。先向對方說聲「謝謝」，並立刻接下這項任務。如果有沒把握的地方，就請對方從旁協助，一起克服。當然，切勿擺架子，或故意讓對方欠人情。

但有時，還是會遇上無論如何也想謝絕的情況。這時先表達「抱歉」，然後直說「我沒辦法」。如有需要，也可以簡單解釋原因，例如工作繁忙抽不出身、很可能怯場而搞砸現場氣氛等。誠心誠意道歉後再主動幫助，一起討論是否有其他合適人選。

POINT

不論YES或NO都立刻答覆。

45

與孩童間的話題

○

看作是「年紀比自己小的成人」，自然閒聊

×

當成「年幼孩童」，百般疼愛

「手好小好可愛喔！頭髮也好好摸喔！」
「跟叔叔一起玩這個好不好？」
「抖音這種東西要少看哦！」

很多人其實不太知道如何跟親戚朋友的孩子相處。雖然對方不是自己的小孩，算是一種「外人」，但畢竟人家是孩子，還是該多加關照。不過，過度寵愛似乎也不對，還可能會被孩子的父母抱怨多管閒事。

結果，有些人會刻意扮演「好脾氣的大人」，過度展現親和力；有的人則開始囉嗦起來，反覆說教或講大道理。無論是過度關心還是過度「指導」，其實都不是理想方式。

撇開法律定義不談，**對孩子來說，究竟幾歲算「大人」，幾歲算「小孩」，其實很難界定，因個人與家庭情況而異。**但最基本的是，以平等態度與孩子互動，才是最合適的方式。

跟孩子聊天時要注意的事

先不談還不會說話的幼兒，如果是已經會說話的孩子，將他視為「成人」來對待，對雙方都有益。**對方雖然是「年紀比自己小的人」，但並不等於「小孩」。**改變心態，就能自然與對方「閒聊」，這才是與孩子互動時正確掌握距離感的方式。

找到共同話題，聊得很熱絡可能不容易，所以要引導對方發言。當然，如果自己一味抱怨工作，對方一定聽得一頭霧水。可以讓對方談談自己正在做的事、最近熱中的事，這樣的對話與成人間的閒聊其實並無二致。

「你也是吉友（編按：吉伊卡哇同好）嗎？」

「你擔是誰？」

「你喜歡納豆？我也是。」

不搶話、不爭論、不否定，這些成人閒聊的基本原則，在與孩童對話時也同樣適用。倒不如說，面對有距離感的對象時，若想進一步互動，就該用閒聊的方式。

這種方法同樣適用於最近不太跟自己說話的兒子或女兒。與其一味感嘆與孩子愈來愈疏遠，不如換個角度，把他當作「住在同個屋簷下，年紀比自己小的外人」，重新建立互動關係。

POINT

與年紀相差許多的人，就從閒聊開始。

46

話題選擇

○ 聊對方的「本命」

× 問對方的感情

「最近有沒有桃花啊？」
「最近你跟女朋友過得怎樣？」
「妳老公是怎樣的人？」

感情話題在人際交往中很常見，也容易藉此了解對方的某些人格特質。如果對方樂於分享，當然沒問題，大家聊得開心，氣氛也輕鬆。

但問題是，當對方開始吞吞吐吐：「呃，沒有」、「嗯，發生了一些事」、「只是很一般的人」，就顯示出他並不想談這些。此時，若又沒有其他話題可接，可能會不自覺追問：

「你沒去拜月老喔？」
「講一下嘛～你之前不是都會跟我分享？」
「我聽說他每天都接妳上下班。」

這種做法嚴重錯誤！尤其對方是部下或晚輩，因為身分關係難以直接拒絕，這樣的行為很可能被視為騷擾。

「推」＝喜愛與支持的人或物

當你想多了解年輕人，不希望彼此交談停留在表面，此時，聊「推」的話題就很適合。

「你都看哪個YouTuber？」
「你推的〇〇〇最近會開演唱會嗎？」
「你養寵物嗎？」

所謂的「推」，廣義來說是指嗜好，但帶有更多喜愛與支持的熱情。比起私密的感情議題，這類話題更容易讓人開口，也能反映出他們的性格與特質。舉凡喜歡的歌手、支持的KOL、關注的球隊隊伍……如果對方有喜歡的人事物，就讓他們暢談吧。

你或許想請對方喝酒，等他放下戒心，再趁機轉到感情話題，但這種老套方法早就不管用了。拋開過度探究隱私的想法，單單讓對方分享自己推的人事物，就足以好好了解他們，建立良好關係。

重點是，這時千萬不要吐槽對方：「妳就別再追星了，認真找個男友吧？」「你也該回到現實世界了！」請注意不要說出這種傷人的話，放下一本正經與說教心態，才能讓對話氛圍輕鬆愉快。

POINT

當對方說出自己的本命，就該心滿意足。

47
建議

✕ 強迫他人接受：「你最好●●●」

○ 提出其他選項：「也有這樣的方法」

「你還年輕，凡事都該積極嘗試，不然以後絕對會後悔。」
「你在聚餐上最好主動多跟別人聊天。」
「你不知道嗎？只要是業界的人都看過這本書。」

跟年輕人交談時，有些人會用「你一定要〇〇〇」、「你最好●●●」來說教。因為不放心，不希望對方走上自己的老路，試圖以人生前輩的身分來開導。但這其實是錯誤做法。

隨著年齡和經驗累積，價值觀與做事方式也會逐漸穩定，這不是壞事，但問題在於將個人觀點強加在他人身上。當你心裡有著「我講的準沒錯，你應該這樣做」的念頭時，其實代表已經有某種程度的控制慾了。

每個人都是不同個體，所處環境和時代也各異。你認為有效順利的方法，套用在他人身上未必合適。事實上更多情況是，你的過去經驗未必能派上用場。對方或許也很想反駁：「你是你，我是我。」「現在時代不一樣了！」

年輕人有失敗的權利，也有親自體驗與學習的權利。如果你認為他不可靠，因而過度「保護」，剝奪他嘗試的機會，就變成本末倒置，是一種完全沒有替對方著想的行為。

為什麼孩子不聽父母的話？

想引導部下或晚輩時，「提出選項」才是正確的溝通方式。

「也有人覺得『趁年輕，什麼都去嘗試』。」

「把應酬當作磨練社交技巧，也是一種想法。」

「那本書應該能提供參考。」

並非強迫對方接受你的價值觀，而是提供不同想法與其他選項，讓對方有選擇的空間與決定的權利。你所傳達的態度是：**「決定權在你手上，當然，最終負責的也是你！」**這種做法比較符合現代的上下關係。

儘管你已經小心謹慎，處處留意，但仍會讓年輕人感受到「壓迫」。這其實難以避免，因為年長者的話語總是帶有分量。

巧妙且低調分享自己的經驗與知識非常重要，就像真正睿智的長者與賢人，都是在他人詢問後才會開口給予建議。此外，這個技巧同樣適用於親子間的對話。

POINT

不是單方面教導，而是提供選項。

48
社群網站

○ 不回答別人沒問的事

× 好心提供各種意見

「你有檢查電源鈕嗎？調整一下就解決了啊。」
「你最好馬上去報警。這種事應該立刻說出來，不然會害到別人。」
「那家店我也吃過，我覺得很普，只有[redacted]還勉強算好吃。」

在社群網站上，有些人會在他人貼文底下，留言提供自己的建議，認為是在為對方好。然而，這種行為並不恰當。

如果貼文中明確提到「請大家給建議」，那當然沒問題，不但沒問題，還會感謝你的好意。但大多情況下，發文者只是陳述自己的情況，或單純抒發心情，並沒有請求建議。但往往會出現熱心人士提供「建議」，可說是網路上常見的奇妙現象。

更糟糕的是，這些建議對方可能早就試過了。而且人家沒有主動請教，如此給建議反而顯得你自以為是。這種行為在日文裡被稱作**「自目回覆」**，而且在男性中尤其常見，就是所謂的**「男性說教」**。

「自目回覆」的心理

在社群網站上，大家都躲在電腦螢幕前，容易用錯誤的距離感與他人互動。高高在上、自以為是的人愈來愈多。

不論現實生活或社群網站，無論對象是年輕人還是年長者，只要對方沒有主動表示，單方給建議其實不太妥當。人際關係的基本原則，就是尊重每個人的想法與選擇。

如果你和對方不熟，點個「讚」就夠了；如果真的想回應，簡單附和，表達支持即可。

「突然故障，一定很困擾！」
「真是辛苦了……」
「看起來好好吃！」

社群網站其實是現實人際關係的縮影。在現實中不能做的事情，舉凡謾罵、顯擺、騷擾、挑釁、強迫他人接受意見，都該極力避免。每天早上滑手機時，別忘了提醒自己保持禮貌與自律。

POINT

在社群網站上尤其不該隨意給建議。

結語——如何與價值觀不同的人相處？

本書提到年長者與年輕人間的「距離感ＢＵＧ」，其實自古以來就存在。

早在「古時候」，當時的年長者同樣無法理解年輕人的想法。由於對方輩分較低，即使自己的言行有些無理，仍然期待年輕人敬老尊賢。年長者長期用不適當的距離感與年輕人相處，大家也習以為常，認為「社會就是這樣」，無人提出質疑。但近十年來，這樣的互動模式突然變得「行不通了」。

第一個原因，當然是遵守「公司法規」的意識愈來愈普及。如今，日本各大企業經常舉辦騷擾防治與多元文化講座，整體社會風氣也在進步。年輕世代樂見這些改變，但對年長者來說，這一切似乎來得太快，需要時間適應。

第二個原因，雖然不該用世代來一概而論，但確實與現在年輕世代的特色相關。由於少子化趨勢，職場結構發生改變，找工作與創業變得相對容易，年輕人對公司的忠誠度不再像過去那樣高。以前是出於無奈，選擇忍氣吞聲；現在可能直接回嗆一句「那我不幹了」。這種現象沒有什麼不對，每個人都有自我主張的權利。但對年長者而言，卻成了棘手的挑戰。

除此之外，日語的某些特性也是影響因素之一。日文中對長輩使用敬語的規範明確，但對晚輩則無此限制。**由於沒有正確答案，只能複製過去經驗，甚至在無意間延續了錯誤的相處模式。**若當年遭受長輩粗暴的指教，如今成為長輩後，也可能不自覺用類似方式對待年輕人。這種錯誤距離感日積月累，成為日本社會一個顯而易見的問題。

以往那些錯誤的相處方式，沿用多年未出問題，卻在某一天突然成了「惹禍根源」，讓許多人措手不及，開始煩惱該如何應對。這正是日本社會當下的現況。

實際上，不知如何與年輕人互動，甚至因此感到困擾的人，絕不只你一個。而且，真正知道解決方法的人仍寥寥無幾，甚至有些人還未察覺到「應該要煩惱」。比如隨意指派工作給新人、以命令式語氣要求對方等。有些人雖然會請年輕同事吃飯，但依舊流露出高高在上的態度。像這樣下意識採取不當互動方式的人，在職場中並不罕見。

然而，拿起這本書的你跟他們並不同。你已經察覺到，如何與年輕人互動是個值得深思的課題。你希望改變現狀，不想因不當言行捲入騷擾問題，這種想法非常珍貴！

當然，改變不會一蹴可幾，特別是溝通技巧需要重新學習，而且往往沒人主動教你。不過，不用著急，慢慢來，一步一步建立自己的方法吧。

說到底，不僅是年輕世代，這世上還有很多與我們價值觀大相逕庭，甚至難以理解的人。遇到這樣的人，下意識產生抗拒是正常反應。但如果能放下戒心，尊重對方，保持適當距離感，便能建立良好的互動關係。

無論對方的價值觀與自己多麼南轅北轍，也以尊重的態度相待，並運用適合的語言與行為拉近距離。這正是溝通的力量，也是多元社會的理想境界。

未來，**當你與不同年齡、性別、國籍或背景的人相處時，本書的技巧與心法，會幫助你在任何人際關係中都游刃有餘。**

希望這本書能對你有所幫助。若能為你的人際互動帶來一點啟發，是身為作者的我最大的欣慰。感謝你一路看到最後，期待有緣再見！

二〇二四年六月　五百田達成

職場Z世代使用說明書：
48個高情商溝通法，輕鬆避開「老害」誤區
話し方で老害になる人尊敬される人

作者　五百田達成（Tatsunari Iota）
譯者　高詹燦
主編　陳子逸
封面設計　大梨設計
校對　魏秋綢
特約行銷　劉妍伶

發行人　王榮文
出版發行　遠流出版事業股份有限公司
104臺北市中山北路一段11號13樓
電話／(02) 2571-0297
傳真／(02) 2571-0197
劃撥／0189456-1
著作權顧問　蕭雄淋律師

初版一刷　2025年4月1日
定價　新臺幣380元
ISBN　978-626-418-122-8

YLib.com 遠流博識網
www.ylib.com
Email: ylib@ylib.com

國家圖書館出版品預行編目（CIP）資料

職場Z世代使用說明書：48 個高情商溝通法，輕鬆避開「老害」誤區
五百田達成 作；高倉燦 譯
初版；臺北市：遠流出版事業股份有限公司；2025.4
232面；14.8 × 21公分
譯自：話し方で老害になる人尊敬される人 若者との正しい話し方 & 距離感　正解・不正解
ISBN：978-626-418-122-8（平裝）

1.職場成功法　2.人際傳播　3.溝通技巧

494.35　　114001526